デザイン力を加速する
和文フリーフォントコレクション

ランディング 著

技術評論社

はじめに

パーソナルコンピュータが普及し始めた頃、日本語フォントは、漢字の文字数の多さ、字形の複雑さ、画面表示と印刷の仕組みの複雑さなどの要因から、ごく限られたものしかありませんでした。そして、DTPの創世記では、デザインに利用できる日本語フォントは、フォントメーカーが提供する高価なフォントだけだったのです。そんな日本語フォントの世界は、TrueTypeフォント、OpenTypeフォントなど様々な規格の策定により大きく変わりました。これにより、手軽に使えるフォント作成ソフトウェアも登場し、ハードルの高かった日本語フォントも作成できるようになっていきました。

そして、ここ数年では、美しく漢字の字形の揃った、複製、改変、再配布など、制限なしに利用できるフリーフォント（ライセンスの明記などは必要）を開発、提供してくださる作者（もしくはプロジェクト）が登場、こういった方々の尽力により、そのフリーフォント（派生）を元にした素敵な日本語フリーフォントがたくさん配布されるようになってきています。

本書では、派生元となるフリーフォントをいくつか収録されていただきました。興味のある方は、こういったフォントからオリジナルデザインの日本語フォントを制作してみてはいかがでしょうか。なお、本書では、ただフォントを収録するだけでなく、もう少しだけフォントの魅力が伝わるように簡単なデザインサンプルを一緒に掲載しています。字形の参考していただければと思います。

最後に。本書の発行にあたり、フリーフォントを収録させていただいた作者のみなさまに深く感謝いたします。本書がみなさまのデザイン活動の一助となることを願います。

2019年6月　ランディング

- 本文中に記載されている製品の名称はすべて関係各社の商標または登録商標です。
- 本書および収録データは著作権法により保護されています。
- 本文中では、Ⓒ、Ⓡ、™ は明記されていません。
- 本書、および本書の付属CD-ROMに収録されているフォントの著作権は、それぞれのフォントの作者に帰属しています。作者の許可がないかぎり、フォントの改竄、再配布などは行うことができません。
- フォントの使用によって生じたいかなる結果、損害に関して、フォントの作者、著者および株式会社技術評論社は、その責任を一切負いません。ご了承ください。
- 本書に掲載されている画像の一部は、Shutterstock.comのライセンス許諾により使用しています。

Contents

フォントの基礎知識　004
文字規格の基礎知識　008
付属 CD-ROM について　012
本書の読み方と注意　020

デザイン系フォント　**022**

毛筆系フォント　**112**

手書き系フォント　**144**

常用漢字一覧　172
教育漢字一覧　188
Index　190

フォントの基礎知識

フリーフォントとは

フリーフォントは、その呼び名の通り、無料で使用できるフォントです。ただし、無料であるからといって、そのフォント作成者は、著作権を放棄しているわけではありません。**フォントの著作権はフォント作成者のもの**で、使用権のみが無料で与えられるということを理解しておいてください。

フリーフォントの使用権が許される範囲は、個々のフォントやフォント作成者ごとに違います。使用に関する条件が定められています。作者によっては、「完全にフリーでなんでも好きにしてよい」という方もいますが、作者の多くは、フォントを改変したり、商標登録に関わるようなロゴの制作は許可していません。これは、著作権がフォント作成者にあるからです。また、公序良俗に反するようなものへの使用も認めていません。
フリー（無料）＝自由ではないということも理解しておきましょう。

使用範囲は、フォント作者やフォントによって異なりますので、フォント作成者のWebサイトやフォントに同梱されているテキストなどで確認するようにしてください。なお、確認が困難という方は、以下の項目を参考にしてください。

一般的なフリーフォントの使用上の注意事項

以下は一般的なフリーフォントを使用するにあたっての注意事項です。

- フリーフォントの著作権は、フォント制作者、またはその制作者が定めた人にあります。
- フォントを改変したり、フォントを基にして別のフォントを作成してはいけません。
- そのフォントを基にして作品を制作し、自分の作品として発表はしてはいけません。
- 公序良俗に反することにフォントを利用しないでください。一般に暴力や18禁に該当する作品については使用を許可していないケースが多いようです。
- 作者が明確に商用利用を許可していない場合は商用利用してはいけません。なんらかの理由で作者に確認できない場合は、商用利用しないことが原則です。同人誌などの場合、規模によって商用利用に当たる場合もありますので、作者に確認してください。
- 商用利用を許可している場合でも、商用のロゴなどに利用したり、そのロゴを商標として登録してはいけません。著作権はフォントの作者に帰属しています。
- 作者の許可がない場合、フォントの販売や再配布をしてはいけません。
- フォントの使用によって生じたいかなる結果、損害に関して、フォント作者は、その責任を一切負いません。フリーフォントの場合、動作確認は作者の環境のみで行われているケースがほとんどです。そのため、動作保証はされていないということを踏まえた上、自己責任で使用してください。

フォントの形式について

フォントのファイル形式は、「ビットマップ形式」と「アウトライン形式」の大きくふたつに分けられます。

ビットマップ形式のフォント

1ピクセルのドットの集合で構成されています。サイズが固定されており、固定された以外のサイズで表示すると、文字がギザギザに表示されるため、使用するサイズごとにフォントファイルが必要になります。最近では、ほとんど使われなくなっています。

アウトライン形式のフォント

フォントの輪郭（アウトライン）の形状を関数曲線のデータとして持っており、サイズを変更してもなめらかな曲線を表示・印刷することができることから、「スケーラブルフォント」とも言われています。現在一般に使われているTrueTypeフォントやOpenTypeフォントはこの形式に該当します。

本書に収録されているフリーフォントのファイル形式

本書に収録しているフリーフォントのファイル形式には以下のものがあります。

- TrueTypeフォント
- OpenTypeフォント

TrueTypeフォント

アウトラインデータが2次スプライン曲線で作成されたフォントのことで、フォントサイズを変更してもなめらかに表示されます。現在最も普及しているフォントファイルの形式です。ファイルの拡張子には、「.ttf」と「.ttc」があります。「.ttf」はフォントファイル単体、「.ttc」は、類似する複数のフォントをまとめたファイル形式になります。
もともとはアップル社が開発してた形式をマイクロソフト社が引き継いで開発したという経緯から、Mac、Windowsの両方で使用することができます。ただし、Macの古い形式のTrueType（拡張子.DFONT、.suitcaseなど）はWindowsでは使用できません。また、Mac OS 9以前のOSはTrueTypeに対応していません。

フォントの基礎知識

OpenType フォント

TrueType フォントを拡張したものとして、TrueType のマイクロソフト社、PostScript のアドビ システムズ社が開発したフォント形式です。OS のプラットフォームを選ばず、Unicode に対応し、複数の言語、字形を 65,536 個まで収録できるというのが大きな特徴です。OpenType 形式の拡張子は、内包されているアウトラインデータの形式により異なり、「.OTF」「.TTC」「.OTC」「.TTF」「.OTF」などがありますが、すべて OpenType フォントで、Mac、Windows の両方で使用することができます。

1 バイトと 2 バイトフォント

コンピューター上で文字を扱う場合、1 文字の情報量で文字の種類を区別することがあります。
1 文字を 1 バイト（8 ビット）のデータで表すことのできる文字を 1 バイト文字と呼びます。つまり、1 バイトは 2 の 8 乗で 256、英語など 256 文字以内ですべての字形を収録できる言語は 1 バイト言語になります。欧文書体のほとんどは 1 バイトで収録できるので、1 バイトフォントです。これに対して、256 文字では足りない日本語や中国など、字形が多い言語は、2 バイトになります。2 バイトは 16 ビット、65,536 文字まで扱うことができます。ただし、日本語でも 256 までしか収録しない場合は、1 バイトフォントの形式でフォントを作成することもできます。ひらがなやカタカナ専用の場合は、256 文字以内で収録できますので、ひらがなやカタカナ専用の 1 バイトのフリーフォントも数多くあります。なお、キーボードに表示されている文字だけで入力できる 1 バイトフォントと 2 バイトフォントでは、文字の入力の方法が異なります。

なお、本書では、1 バイト文字のフォントは収録していませんが、本書で紹介しているフォント製作者さまの Web サイトには、1 バイト文字もありますので、次に記述する入力方法を参考にしてください。

1 バイト文字の入力

1 バイトフォントでは、半角英数字の入力モードで文字を入力します。タイピングするとそのまま入力が確定し、変換操作は不要です。

ひらがなやカタカナ専用の 1 バイトフォントは、キーボードに書かれているかなキーをタイプします。つまり、半角モードにして「かな入力」で文字を入力します。ただし、キーボードの種類によって、フォントの割り当てとキーの表記が異なるものがあったり、作者が変則的にキーを割り当てていることもあり、フォントごとに入力キーが異なりますので、フォント作者の Web サイトなどでキーボード配列を確認してください。

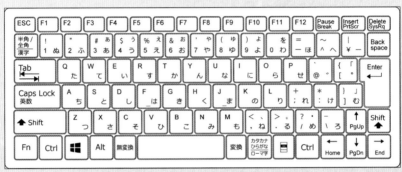

キーボードに表記されている「かな」のキーをタイプすると、そのまま「かな」が入力される

2 バイト文字の収録文字数について

2 バイトフォントの収録文字数は、OpenType フォントの 65,536 文字が最大ですが、すべてのフォントがこの文字数を収録しているわけではありません。作成した字形だけが収録されているため、フォントによって使える文字数は変わります。フリーフォントの場合、OpenType フォントではあっても「ひらがな」のみもものもあれば、JIS 規格の第一水準の字形に加えて第二水準の文字も収録されている場合もあり、さまざまです。なお、字形がない文字を入力すると、その字形があるほかのフォントに置き換えられるか、空白になります。フリーフォントの 2 バイトフォントで文書を作成する場合は、入力可能な文字の字形を確認しておきましょう。

収録する字形の数は作者の自由です。少しずつ字形を増やしてバージョンアップしているフォントもありますので、作者の Web サイトなどで確認してください。

文字規格の基礎知識

コンピュータで文字を表示する仕組み

コンピューターで文字を表示する場合、文字の字形そのものを直接表示するのではなく、個々の文字に割り当てられている番号で文字を表示します。キーボードで文字を入力すると、入力した文字の番号がコンピューターのシステムに送られ、コンピュータ側でこの番号に対応する文字の字形を画面に表示します。
この文字を表す番号を文字コードといいます。

文字集合と文字コード

使用するコンピュータやオペレーティングシステム、ソフトウェアなどで、文字コードの規格が統一されていないと、文字情報のやり取りをすることができません。このため、文字コードの統一規格が制定されました。また、文字は文字コードが割り当てられている文字は、コンピューターで使えますが、割り当てられていない文字は使うことができません。どの文字をコンピューターで使用するかを決めたものが文字集合（文字セット）の規格になります。
日本では、JIS により日本語の文字集合と文字コードが作られました。これにより、日本語のコンピューターシステムでは、異なるオペレーティングシステム（OS）でも、規格によって決められている文字は、同じ文字が表示されるようになりました（文字コード外の文字「外字」は異なる文字が表示されます）。

文字集合の世界統一規格「Unicode」

文字の規格統一は日本語だけでなく、他の言語でも同様の規格が存在していました。そして、時代は進み、異なる言語間でも、情報のやり取りが必要になってきました。そこで提唱されたのが「Unicode」（ユニコード）です。Unicode は、世界で使われる全ての文字を共通の文字集合で利用できるようにしようという考えで、ゼロックス、マイクロソフト、アップル、IBM、サン・マイクロシステムズ、ヒューレット・パッカード、ジャストシステムといったコンピューターメーカーとソフトウェアメーカーが参加するユニコードコンソーシアムで作りました。ここで、作られた Unicode 規格は、国際規格（ISO）で策定された規格と同一になるように作られています。
Unicode では、各国で標準として規定されている文字を取りまとめ、Unicode の区画に割り当てています。日本語は、JIS X 0201、JIS X 0208、JIS X 0212、JIS X 0213 が含まれています。

文字に割り当てられている文字コード

現在に至るまでの経緯や、日本の規格と国際規格の融合により、日本語の文字には複数のコードが割り当てられています。
実際に割り当てられているコードを確認するには、日本語入力システムの文字パレットなどを利用するとよいでしょう。

下の図は、「Google 日本語入力」の文字パレットですが、「心」という漢字を選ぶとその漢字に割り当てられている文字コードが表示されます。

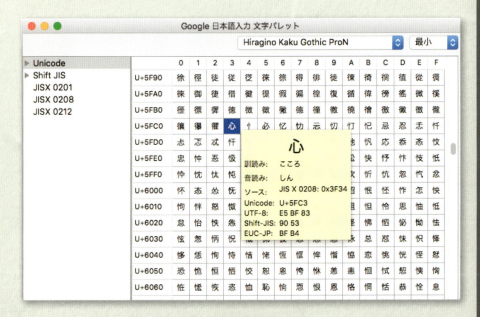

文字を入力する際に文字コードを意識する必要はありませんが、入力した際に異なる文字が表示される場合（文字化け）などは、文字パレットで確認するとよいでしょう。

収録されている漢字の規格

文字集合と文字コード、JIS 規格など、いろいろ用語がでてきますが、実際に文字を入力際に重要なのは、このフォントでは、どの漢字が使えるのかということです。
収録されている漢字の説明に使われている文字集合の規格などがいくつかありますので、簡単に説明します。

常用漢字

「法令、公用文書、新聞、雑誌、放送など、一般の社会生活において、現代の国語を書き表す場合の漢字使用の目安」として内閣告示「常用漢字表」で示されている日本語の漢字と音訓（読み方）です。ただし、この目的は、漢字使用の目安であり、制限をかけるものではありません。最新は、2010 年（平成 22 年）11 月 30 日に平成 22 年内閣告示第 2 号として告示された、2,136 字です。本書の巻末にその一覧を掲載しましたので参考にしてください。なお、常用漢字は、文字の規格ではありません。

教育漢字

文部科学省によって定められた小学校 6 年間のうちに学習する漢字の通称です。小学校学習指導要領によって、学年別に学習する漢字が定められています。改定がありますが、現在は 1,006 字が定められています。本書の巻末にその一覧を掲載しましたので参考にしてください。教育漢字は、文字の規格ではありません。

JIS X 0208 規格

JIS によって決められた漢字コードで、漢字 6,355 文字およびラテン文字、平仮名などの 524 文字の非漢字が含まれています。

JIS X 0212 規格

JIS X 0208 に含まれない補助漢字の規格です。

JIS X 0213 規格

JIS X 0208 を拡張した規格です。JIS X 0208 の内容を含んだ上、新たに第 3 水準漢字（JIS X 0208:1983 で字体が大きく変更された 29 文字と人名用漢字許容字体、常用漢字表康熙字典体別掲字、地名、部首）と第 4 水準漢字（第 3 水準以外で頻繁に使用される漢字）が拡張されています。

JIS 第 1 水準／ JIS 第 2 水準

JIS X 0208 の規格のうち、16 区から 47 区までの特に使用頻度の高い 2,965 文字を JIS 第 1 水準、48 区から 84 区までの比較的使用頻度が低い地名や人名などに使用される 3,390 字を JIS 第 2 水準としています。基本的な漢字は、JIS 第 1 水準／ JIS 第 2 水準で網羅されています。

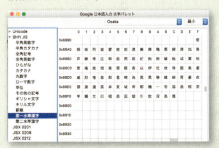 

Adobe-Japan 1-x

Adobe-Japan 1-x とは、アドビシステムズ社が日本語用に開発した文字集合規格です。Adobe-Japan 1-0（AJ1-0）から、Adobe-Japan 1-6（AJ1-6）まで 7 種類が定義されています。主なバージョンのみ紹介します。

Adobe-Japan 1-0
全 8,284 文字、漢字 6,653 文字。JIS 第 1 水準・第 2 水準を収録

AAdobe-Japan 1-3
OpenType フォントの Std/StdN の標準的な文字セット。全 9,354 文字、漢字 7,014 文字

Adobe-Japan 1-4
OpenType フォントの Pro/ProN の標準的な文字セット。全 15,444 文字、漢字 9,138 文字

Adobe-Japan 1-5
OpenType フォントの Pr5/Pr5N の標準的な文字セット。JIS 第 3・第 4 水準漢字を収録。全 20,317 文字、漢字 12,676 文字

Adobe-Japan 1-6
OpenType フォントの Pr6/Pr6N の標準的な文字セット。JIS2004 に対応。全 23,058 文字、漢字 14,663 文字

付属CD-ROMについて

付属 CD-ROM の構成

本書の付属 CD-ROM には、本書に掲載されている Macintosh および Windows 用のフリーフォントが収録されています。

第一階層は、作者のサイト名（もしくは作者名）フォルダ、第二階層以降は、作者の Web サイトよりダウンロードしたファイルを解凍した状態のフォルダやフォントファイルが保存されています。また、Mac 版と Windows 版が分かれている場合は、第二階層は「Mac」「Win」フォルダ、第三階層はそれぞれのフォント名フォルダ、第四階層以降にフォントファイルが保存されています。

なお、収録されている場所は、本書のフォント紹介ページの「収録フォルダ」に掲載していますので、確認してください。

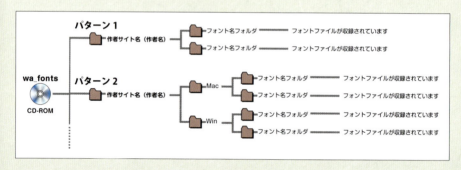

フリーフォントをインストールする前の注意

- フリーフォントの著作権は、フォント制作者、またはその制作者が定めた人にあります。
- フォントをインストールする前に、同梱されているリードミーなどを確認するか、掲載しているそれぞれのサイトに書かれている利用規約を確認してください。
- フォントを商用利用する場合は、フォント制作者に事前に確認してください。
- macOS は、Windows 用 TrueType フォントにも対応していますが、作成者の環境に依存し、インストーラーでは、適切にインストールできない場合もあります。macOS への Windows 用 TrueType フォントのインストールは自己責任で行ってください。
- フリーフォントは、すべての環境でテストされているわけではありません。使用する環境によっては不具合が起きる可能性もあります。その際は速やかにフォントを削除してください。フォントの使用によって生じたいかなる結果、損害に関して、フォント作者、本書の著者および技術評論社は、その責任を一切負いません。
- 本書の著者および技術評論社は、フォント制作者との取り次ぎはいたしません。

フォント使用のルールとマナー

フォントの使用に関するルール

フォントは、音楽や小説などと同じように著作物として扱われ、著作権法によって保護されています。フリーフォントは、無償で使用することができますが、作者は著作権を放棄してわけではなく、使用者に使用権を与えているだけです。フォント制作者の著作権を侵害するようなフォントの使用は、著作権法によって禁じられています。

フリーフォントを使用する際のマナー

フリーフォントやフリー素材を利用する場合は、制作者に感想を伝えたり、どこで使わせてもらったなど、報告することがマナーとされています。もちろん、作者によってはメールが多数きて迷惑している方もいますので、Webサイトを確認して迷惑にならない範囲で、報告してみましょう。

フォントのインストールとアンインストール

Windows でのインストール（Windows 10/8.1/7）

解説にはWindows 10の画面を使用していますが、ほかのバージョンでも基本は同じです。

1. **付属 CD-ROM をセットする**

    付属 CD-ROM をパソコンの CD-ROM ドライブにセットします。自動的にエクスプローラーなどの起動選択画面が表示されますので、エクスプローラーを起動させて、CD-ROM の中身を表示します。もし、起動選択画面が表示されない場合は、手動でエクスプローラーなどを起動させて表示してください。

付属 CD-ROM をパソコンにセットして、中身を表示させます

013

付属 CD-ROM について

2. 目的のフォントファイルをダブルクリックする

エクスプローラーで、目的のフォントのある場所（フォルダ）へ移動します。
使用したいフォントが収録されているフォルダを開き、目的のフォントファイルを表示します。収録場所はあらかじめ本書のフォントの紹介ページで確認しておいてください。
フォントによっては、スタイルなどが違うファイルが同じフォルダに収録されていたり、また、TrueType、OpenType などフォント形式の違うものが収録されている場合もありますので、拡張子を確認して目的の形式を探してください。
フォントファイルが表示できたら、インストールしたいフォントファイルをダブルクリックします。

目的のフォントファイルをダブルクリックします

3. フォントのインストール

フォントビューアが表示されます。ウィンドウの左上に［インストール］というボタンがありますので、これをクリックします。警告ダイアログが表示された場合は「はい」をクリックしてインストールを進めます。これで、Windowsへのインストールが完了です。

フォントビューアの左上の「インストール」ボタンをクリックすると、インストールが完了します

Windowsでのアンインストール（Windows 10/8.1/7）

解説にはWindows 10の画面を使用していますが、ほかのバージョンでも基本は同じです。

1. コントロールパネルを表示する

Windows 7では［スタートボタン］をクリックして［コントロールパネル］を選択します。

Windows 8.1では、デスクトップ画面の左下端を右クリックすると表示されるショートカットメニューから［コントロールパネル］を選択します。

Windows10では、［スタートボタン］をクリックして表示されるメニューから、［WIndowsシステムツール］の中の［コントロールパネル］をクリックします。

コントロールパネルが表示されたら、［デスクトップのカスタマイズ］をクリックし、［フォント］をクリックして選択します。

付属 CD-ROM について

2. フォントの削除

インストールされているフォントが表示されます。削除するフォントを選んで、[削除] ボタンをクリックします。これでアンインストールは完了です。

フォントを選んで削除すればアンインストールが完了します

Windows では、OS がインストールされている起動ドライブ（通常は C ドライブ）の [c:¥Windows¥Fonts¥] フォルダにフォントがインストールされています。このフォルダ内に直接フォントファイルをドラッグして入れたり、削除しても、インストールおよびアンインストールすることができます。

macOS でのインストール

解説には macOS 10.13 High Sierra の画面を使用していますが、ほかのバージョンでも基本は同じです。

1. 付属 CD-ROM をセットする

付属 CD-ROM をパソコンの CD-ROM ドライブにセットします。CD-ROM のアイコンが表示されたら、クリックして中身を表示させます。

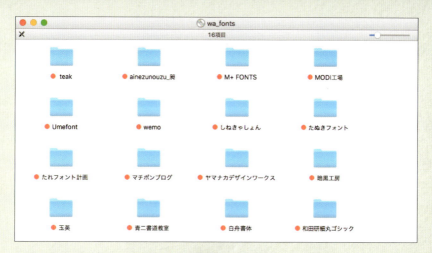

付属 CD-ROM をパソコンにセットして、中身を表示させます

2. 目的のフォントファイルをダブルクリックする

使用したいフォントが収録されているフォルダを Finder で開き、目的のフォントファイルを表示します。収録場所はあらかじめ本書のフォントの紹介ページで確認しておいてください。

フォントによっては、スタイルなどが違うファイルが同じフォルダに収録されていたり、TrueType、OpenType などフォント形式の違うものが収録されている場合もありますので、拡張子を確認して目的の形式を探してください。

フォントファイルが表示できたら、インストールしたいフォントファイルをダブルクリックします。

目的のフォントファイルをダブルクリックします

3. フォントのインストール

ビューアが表示されます。右下にある［フォントをインストール］ボタンをクリックするとインストールは完了です。

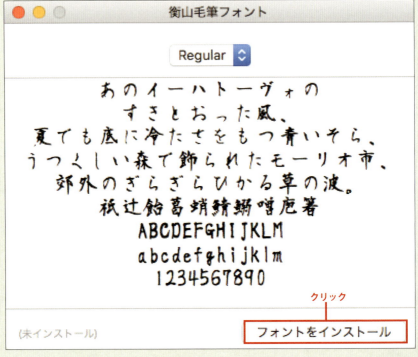

［フォントをインストール］ボタンをクリックします

「Font Book」が起動してフォントがインストールされたことを知らせてくれます。これでインストールは終了です。

Windows 用の TrueType フォントは、インストーラーの仕様が異なるため、ダブルクリックでインストールできない場合があります。その場合は手動で、Fonts フォルダに移動させてください。macOS の場合、「Fonts」フォルダは複数ありますが、HD ／ライブラリ／ Fonts フォルダか、HD ／ユーザ／（ユーザ名）／ライブラリ／ Fonts フォルダにインストールするとよいでしょう。

macOS でのアンインストール

解説には macOS 10.13 High Sierra の画面を使用していますが、ほかのバージョンでも基本は同じです。

1. **Font Book を起動する**

    macOS では「Font Book」というアプリケーションでフォントを管理できます。「アプリケーション」フォルダにある「Font Book」アプリケーションを起動します。

2. **フォントの削除**

    目的のフォントを選んだら、Font Book の「ファイル」メニューから「(目的のフォント名) を削除」を選択します。

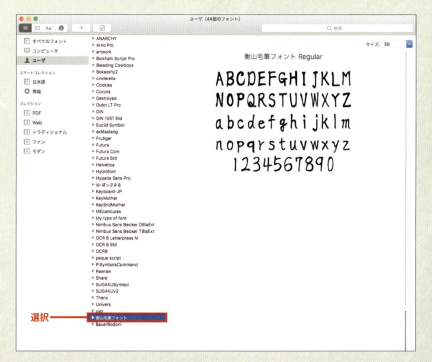

「Font Book」を起動してフォントを選択して削除

警告ダイアログが表示されます。ここで「削除」をクリックすると、フォントがアンインストールされます。これでアンインストールは完了です。

本書の読み方と注意

本書のフォント紹介ページでは、左側にデザインに使用しているフォントの情報を掲載し、右側にデザインサンプルを掲載しています。

付属CD-ROMをご利用する際の注意

アプリケーションのフォント一覧に目的のフォントが表示されていない場合は、フォントが認識されていない可能性があります。この場合、目的のフォントは使用できません。また、フォント一覧で、フォント名が正常に表示されていない場合は、文字が正しく入力できない場合があります。本書に収録されているすべてのフォントは、作者の制作環境、および技術評論社の環境で動作することを確認しています。Windows用のTrueTypeフォントも著者のMac環境（OS X 10.11 El Capitan）では動作を確認しておりますが、利用環境やアプリケーション、インストールされているほかのフォントによって使用できないものもあることをご了承ください。

インストール時の注意点

フォントを手動でインストールする際、**CD-ROMの内容を丸ごとFONTフォルダ（Fontsフォルダ）にコピーすることは絶対にしないでください**。CD-ROM内には、同じフォントで種類の異なるものやMac、Windowsの両方のバージョンが収録されているフォントがあります。これらを同時にインストールするとフォントがコンフリクトし、トラブルが起きる可能性があります。また、同じフォントの古いバージョンなどがインストールされている場合、そのフォントを削除してからインスールしてください。

キーの割り当てについて

フォントによって、キーの割り当てが異なるため、入力すると別の文字が表示されることがあります。この場合、文字コード表を確認してみてください。Windows 10では、日本語入力システムでIMEパッドを表示させ、文字コード表の［フォント］で目的のフリーフォントを選択すると、そのフォントの文字コードが表示され、ダブルクリックで文字が入力できます。そのほか、Adobe Illustratorなどの字形パレットでも確認できます。

Windows 10の文字コード表

目的のフォントを選択すると、そのフォントの文字の割り当てが表示されます。

デザイン系フォント

明朝体・ゴシック体をベースに
デザインされているフォント

収録フォルダ	ヤマナカデザインワークス／kinari-gothic-mini_190319	ヤマナカデザインワークス 作
フォント名	**きなりゴシック mini**	

フォント情報	ヤマナカデザインワークス	http://ymnk-design.com	
フォント種別	OpenType（Win / Mac）	商用利用	不可・個人利用のみ（同人誌は常識の範囲で使用可）
収録文字数	教育漢字 1,006 文字		

あいうえお　やゆよ　　アイウエオ　ヤユヨ
かきくけこ　らりるれろ　カキクケコ　ラリルレロ
さしすせそ　わゐ　ゑを　サシスセソ　ワヰ　ヱヲ
たちつてと　ん　　　　　タチツテト　ン
なにぬねの　がぎぐげご　ナニヌネノ　がぎぐげご
はひふへほ　ぱぴぷぺぽ　ハヒフヘホ　ぱぴぷぺぽ
まみむめも　やゆよ　　　マミムメモ　ャュョ

16Q 組見本

わがはいはねこである。名前はまだ無い。どこで生れたかとんと見当がつかぬ。何でもうす暗いじめじめした所でニャーニャー泣いていた事だけは記おくしている。わがはいはここで始めて人間というものを見た。しかもあとで聞くとそれは書生という人間中で一番どう悪な種族であったそうだ。　夏目そう石　我がはいはねこである　より

13Q 組見本

わがはいはねこである。名前はまだ無い。どこで生れたかとんと見当がつかぬ。何でもうす暗いじめじめした所でニャーニャー泣いていた事だけは記おくしている。わがはいはここで始めて人間というものを見た。しかもあとで聞くとそれは書生という人間中で一番どう悪な種族であったそうだ。　夏目そう石　我がはいはねこである　より

このフォントには収録文字数の多い有償版があります

きなりゴシック FUll　3,000 円

ひらがな・カタカナ・英数字・記号・漢字 6,030 文字収録・縦書き対応・商用利用可

以下の URL からダウンロード購入できます。
https://ymnk-design.booth.pm

初秋の必須ニットアイテム

秋の始まりは、
起毛素材のやわらかな生成りの
プルオーバーのニットで。
太めの糸で編んだやわらかい風合いが可愛い。
七分たけのそでが大人を演出します。

収録フォルダ	ヤマナカデザインワークス／komadori_mini

ヤマナカデザインワークス 作

フォント名: こまどりmini

フォント情報	ヤマナカデザインワークス　http://ymnk-design.com
フォント種別	OpenType（Win / Mac）
商用利用	不可・個人利用のみ（同人誌は常識の範囲で使用可）
収録文字数	漢字 80 文字

あいうえお　やゆよ　　アイウエオ　ヤユヨ
かきくけこ　らりるれろ　カキクケコ　ラリルレロ
さしすせそ　わゐ　ゑを　サシスセソ　ワヰ　ヱヲ
たちつてと　ん　　　　　タチツテト　ン
なにぬねの　がぎぐげご　ナニヌネノ　ガギグゲゴ
はひふへほ　ぱぴぷぺぽ　ハヒフヘホ　パピプペポ
まみむめも　ゃゅょ　　　マミムメモ　ャュョ

16Q 組見本

わがはいはねこであるなまえはまだない。どこでうまれたかとんとけんとうがつかぬ。なんでもうすぐらいじめじめしたとこちでニャーニャーないていたことだけはきおくしている。
なつめそうせき　わがわはいはねこである　より

右雨円王音下火花貝学気休玉金九空月犬見五口校左三

13Q 組見本

わがはいはねこであるなまえはまだない。どこでうまれたかとんとけんとうがつかぬ。なんでもうすぐらいじめじめしたとこちでニャーニャーないていたことだけはきおくしている。
なつめそうせき　わがわはいはねこである　より

右雨円王音下火花貝学気休玉金九空月犬見五口校左三

このフォントには収録文字数の多い有償版があります

こまどりFUll　3,000円

ひらがな・カタカナ・英数字・記号・漢字 2,893 文字収録・縦書き対応・商用利用可

以下のURLからダウンロード購入できます。
https://ymnk-design.booth.pm

ブレックファーストは
パンケーキで

小さいパンケーキをいっぱいかさねて、
ラズベリーをトッピング
おしゃれでかわいくって、おいしいパンケーキ。
あさからしあわせな気ぶんにさせてくれる
こまどりはかわいいフォントです。

収録フォルダ	和田研細丸ゴシック／WadaLabMaruGoProN	希土類元素レアアース(元フォント:和田研) 作

和田研細丸ゴシック ProN

フォント情報	http://sourceforge.jp/projects/jis2004/		
フォント種別	OpenType（Win / Mac）	商用利用	可
収録文字数	JIS 第一水準・JIS 第二水準・Adobe-Japan 1-4（一部の漢字を除く）／1-6 内の複数の文字		

```
あいうえお　や　ゆ　よ　　アイウエオ　ヤ　ユ　ヨ
かきくけこ　らりるれろ　　カキクケコ　ラリルレロ
さしすせそ　わゐ　ゑを　　サシスセソ　ワヰ　ヱヲ
たちつてと　ん　　　　　　タチツテト　ン
なにぬねの　がぎぐげご　　ナニヌネノ　がぎぐげご
はひふへほ　ぱぴぷぺぽ　　ハヒフヘホ　ぱぴぷぺぽ
まみむめも　ゃゅょ　　　　マミムメモ　ャュョ

ABCDEFGHIJKLMNOPQRSTUVWXYZ
abcdefghijklmnopqrstuvwxyz
1234567890
!"#$%&'()=-~^|¥{}[]`@;:+*<>,./?
```

16Q 組見本

吾輩は猫である。名前はまだ無い。どこで生れたかとんと見当がつかぬ。何でも薄暗いじめじめした所でニャーニャー泣いていた事だけは記憶している。吾輩はここで始めて人間というものを見た。しかもあとで聞くとそれは書生という人間中で一番獰悪な種族であったそうだ。
＜夏目漱石「我が輩は猫である」より抜粋＞

13Q 組見本

吾輩は猫である。名前はまだ無い。どこで生れたかとんと見当がつかぬ。何でも薄暗いじめじめした所でニャーニャー泣いていた事だけは記憶している。吾輩はここで始めて人間というものを見た。しかもあとで聞くとそれは書生という人間中で一番獰悪な種族であったそうだ。
＜夏目漱石「我が輩は猫である」より抜粋＞

和田研細丸ゴシック

和田研細丸ゴシック2004フォントは、和田研細丸ゴシックを元にJIS X 0213に含まれる漢字や記号などを追加したOpenTypeフォントです。文字をサポートしているフォントはどちらも希少です。このフォントはライセンスフリーで公開されており、改変の自由が認められているため、このフォントをベースに多くのフリー和文フォントが作られています。デザインの自由度の高いデザインフォントを作成したい人にとってはとても重要なフォントです。

Lorem ipsum dolor sit amet, consectetur adipisicing elit, sed do eiusmod tempor incididunt ut labore et dolore magna aliqua. Ut enim ad minim veniam, quis nostrud exercitation ullamco laboris nisi ut aliquip ex ea commodo consequat.

収録フォルダ	MODI工場／MODI_kurobara-cinderella_2018_0805
フォント名	**黒薔薇シンデレラ**
フォント情報	MODI工場（モーディーコウジョウ）　http://modi.jpn.org/
フォント種別	TureType（Win / Mac）　商用利用　可
収録文字数	JIS第一水準・JIS第二水準（一部）　M+ FONTSをベースにした派生フォントです

MODI工場 作

```
あいうえお    やゆよ       アイウエオ    ヤユヨ
かきくけこ    らりるれろ   カキクケコ    ラリルレロ
さしすせそ    わゐ ゑを     サシスセソ    ワヰ ヱヲ
たちつてと    ん            タチツテト    ン
なにぬねの    がぎぐげご    ナニヌネノ    がぎぐげご
はひふへほ    ぱぴぷぺぽ    ハヒフヘホ    ぱぴぷぺぽ
まみむめも    やゆよ        マミムメモ    ヤユヨ
```

ABCDEFGHIJKLMNOPQRSTUVWXYZ
abcdefghijklmnopqrstuvwxyz
1234567890
!"#$%&'()=-~^|¥{}[]`@;:+*<>,./?

9Q組見本

吾輩は猫である。名前はまだ無い。どこで生れたかとんと見当がつかぬ。何でも薄暗いじめじめした所でニャーニャー泣いていた事だけは記憶している。吾輩はここで始めて人間というものを見た。しかもあとで聞くとそれは書生という人間中で一番獰悪な種族であったそうだ。〈夏目漱石「我が輩は猫である」より抜粋〉

13Q組見本

吾輩は猫である。名前はまだ無い。どこで生れたかとんと見当がつかぬ。何でも薄暗いじめじめした所でニャーニャー泣いていた事だけは記憶している。吾輩はここで始めて人間というものを見た。しかもあとで聞くとそれは書生という人間中で一番獰悪な種族であったそうだ。〈夏目漱石「我が輩は猫である」より抜粋〉

16Q組見本

吾輩は猫である。名前はまだ無い。どこで生れたかとんと見当がつかぬ。何でも薄暗いじめじめした所でニャーニャー泣いていた事だけは記憶している。吾輩はここで始めて人間というものを見た。しかもあとで聞くとそれは書生という人間中で一番獰悪な種族であったそうだ。〈夏目漱石「我が輩は猫である」より抜粋〉

むかしむかし、王様とお妃がありました。おふたりは、こどものないことを、なにより悲しがっておいでになりました。それは、どんなに悲しがっていたでしょうか、とても口でははいいつくせないほどでした。そのために、世界じゅうの海という海を渡って、神様を願をかけるやら、お寺に巡礼をするやらで、いろいろに信心しんじんをささげてみましたが、みんな、それはむだでした。

黒薔薇シンデレラだけど
眠れる森の美女

収録フォルダ	MODI工場／MODI_akabara-cinderella_2018_0811	
フォント名	赤薔薇シンデレラ	
フォント情報	MODI工場（モーディーコウジョウ）	http://modi.jpn.org/
フォント種別	TureType（Win / Mac）	商用利用　可
収録文字数	JIS第一水準・JIS第二水準（一部）	M+ FONTSをベースにした派生フォントです

```
あいうえお         やゆよ         アイウエオ         ヤユヨ
かきくけこ         らりるれろ      カキクケコ         ラリルレロ
さしすせそ         わゐゑを        サシスセソ         ワヰヱヲ
たちつてと         ん              タチツテト         ン
なにぬねの         がぎぐげご      ナニヌネノ         がぎぐげご
はひふへほ         ぱぴぷぺぽ      ハヒフヘホ         ぱぴぷぺぽ
まみむめも         ゃゅょ          マミムメモ         ャュョ

ABCDEFGHIJKLMNOPQRSTUVWXYZ
abcdefghijklmnopqrstuvwxyz
1234567890
!"#$%&'()=-~^|¥{}[]`@;:+*<>,./?
```

9Q 組見本

吾輩は猫である。名前はまだ無い。どこで生れたかとんと見当がつかぬ。何でも薄暗いじめじめした所でニャーニャー泣いていた事だけは記憶している。吾輩はここで始めて人間というものを見た。しかもあとで聞くとそれは書生という人間中で一番獰悪な種族であったそうだ。

〈夏目漱石「我が輩は猫である」より抜粋〉

13Q 組見本

吾輩は猫である。名前はまだ無い。どこで生れたかとんと見当がつかぬ。何でも薄暗いじめじめした所でニャーニャー泣いていた事だけは記憶している。吾輩はここで始めて人間というものを見た。しかもあとで聞くとそれは書生という人間中で一番獰悪な種族であったそうだ。

〈夏目漱石「我が輩は猫である」より抜粋〉

16Q 組見本

吾輩は猫である。名前はまだ無い。どこで生れたかとんと見当がつかぬ。何でも薄暗いじめじめした所でニャーニャー泣いていた事だけは記憶している。吾輩はここで始めて人間というものを見た。しかもあとで聞くとそれは書生という人間中で一番獰悪な種族であったそうだ。

〈夏目漱石「我が輩は猫である」より抜粋〉

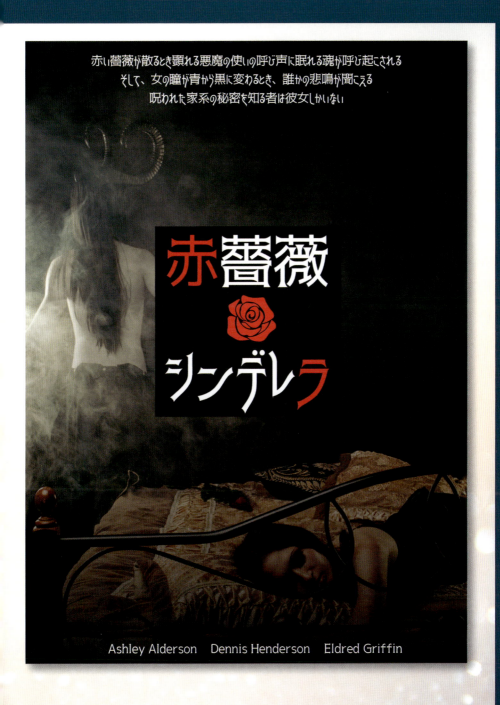

収録フォルダ	MODI工場／MODI_komorebi-gothic_2018_0501

MODI工場 作

木漏れ日ゴシック

フォント名	木漏れ日ゴシック
フォント情報	MODI工場（モーディーコウジョウ） http://modi.jpn.org/
フォント種別	TureType（Win / Mac） 商用利用 可
収録文字数	JIS第一水準〜JIS第四水準（JIS2004対応） 梅フォント派生フォントです

あいうえお やゆよ アイウエオ ヤ ユ ヨ
かきくけこ らりるれろ カキクケコ ラリルレロ
さしすせそ わゐ ゑを サシスセソ ワヰ ヱヲ
たちつてと ん タチツテト ン
なにぬねの がぎぐげご ナニヌネノ がぎぐげご
はひふへほ ぱぴぷぺぽ ハヒフヘホ ぱぴぷぺぽ
まみむめも ゃゅょ マミムメモ ャュョ

ABCDEFGHIJKLMNOPQRSTUVWXYZ
abcdefghijklmnopqrstuvwxyz
1234567890
!"#$%&'()=-~^|¥{}[]`@;:+*<>,./?

9Q組見本

吾輩は猫である。名前はまだ無い。どこで生れたかとんと見当がつかぬ。何でも薄暗いじめじめした所でニャーニャー泣いていた事だけは記憶している。吾輩はここで始めて人間というものを見た。しかもあとで聞くとそれは書生という人間中で一番獰悪な種族であったそうだ。
〈夏目漱石「我が輩は猫である」より抜粋〉

13Q組見本

吾輩は猫である。名前はまだ無い。どこで生れたかとんと見当がつかぬ。何でも薄暗いじめじめした所でニャーニャー泣いていた事だけは記憶している。吾輩はここで始めて人間というものを見た。しかもあとで聞くとそれは書生という人間中で一番獰悪な種族であったそうだ。
〈夏目漱石「我が輩は猫である」より抜粋〉

16Q組見本

吾輩は猫である。名前はまだ無い。どこで生れたかとんと見当がつかぬ。何でも薄暗いじめじめした所でニャーニャー泣いていた事だけは記憶している。吾輩はここで始めて人間というものを見た。しかもあとで聞くとそれは書生という人間中で一番獰悪な種族であったそうだ。
〈夏目漱石「我が輩は猫である」より抜粋〉

パンを焼く
生地を作る本
パスタを作る

365日のお弁当パン
おしゃれなパスタとスパゲティ
卵とアーモンドとオリーブオイル
ドライイーストを使いこなす
発酵が決め手！

LOREM IPSUM

収録フォルダ	MODI 工場／MODI_timemachine-wa_2017_0930	MODI 工場 作

フォント名: タイムマシンわ号

フォント情報	MODI 工場（モーディーコウジョウ）　http://modi.jpn.org/	
フォント種別	TureType（Win / Mac）	商用利用　可
収録文字数	JIS 第一水準〜JIS 第四水準（JIS2004 対応）	和田研細丸ゴシック派生フォントです

あいうえお やゆよ　　アイウエオ ヤユヨ
かきくけこ らりるれろ　カキクケコ ラリルレロ
さしすせそ わゐゑを　　サシスセソ ワヰヱヲ
たちつてと ん　　　　　タチツテト ン
なにぬねの がぎぐげご　ナニヌネノ ガギグゲゴ
はひふへほ ぱぴぷぺぽ　ハヒフヘホ パピプペポ
まみむめも ゃゅょ　　　マミムメモ ャュョ

ABCDEFGHIJKLMNOPQRSTUVWXYZ
abcdefghijklmnopqrstuvwxyz
1234567890
！"＃＄％＆'（）＝-‾＾｜￥｛｝［］｀＠；：＋＊＜＞，．／？

9Q 組見本

吾輩は猫である。名前はまだ無い。どこで生れたかとんと見当がつかぬ。何でも薄暗いじめじめした所でニャーニャー泣いていた事だけは記憶している。吾輩はここで始めて人間というものを見た。しかもあとで聞くとそれは書生という人間中で一番獰悪な種族であったそうだ。
〈夏目漱石「我が輩は猫である」より抜粋〉

13Q 組見本

吾輩は猫である。名前はまだ無い。どこで生れたかとんと見当がつかぬ。何でも薄暗いじめじめした所でニャーニャー泣いていた事だけは記憶している。吾輩はここで始めて人間というものを見た。しかもあとで聞くとそれは書生という人間中で一番獰悪な種族であったそうだ。
〈夏目漱石「我が輩は猫である」より抜粋〉

16Q 組見本

吾輩は猫である。名前はまだ無い。どこで生れたかとんと見当がつかぬ。何でも薄暗いじめじめした所でニャーニャー泣いていた事だけは記憶している。吾輩はここで始めて人間というものを見た。しかもあとで聞くとそれは書生という人間中で一番獰悪な種族であったそうだ。
〈夏目漱石「我が輩は猫である」より抜粋〉

元禄年間のことであった。四谷左門殿町に御先手組の同心を勤めている田宮又左衛門と云う者が住んでいた。その又左衛門は平生眼が悪くて勤めに不自由をするところから女のお岩にわに婿養子をして隠居したいと思っていると、そのお岩は疱瘡に罹って顔は皮が剥けて渋紙を張ったようになり、右の眼に星が出来、髪も縮れて醜い女となった。

それはお岩が二十一の春のことであった。

又左衛門夫婦は酷くそれを気にしていたが、そのうちに又左衛門は病気になって歿くなった。

四谷怪談より 抜粋

収録フォルダ	MODI 工場／MODI_kurobara-gothic_2018_1102	MODI 工場 作

フォント名　黒薔薇ゴシック Thin

フォント情報	MODI 工場（モーディーコウジョウ）　http://modi.jpn.org/	
フォント種別	TureType (Win / Mac)	商用利用　可
収録文字数	JIS 第一水準・JIS 第二水準（一部）	M+ FONTS をベースにした派生フォントです

```
あいうえお　やゆよ　　アイウエオ　ヤ　ユ　ヨ
かきくけこ　らりるれろ　カキクケコ　ラリルレロ
さしすせそ　わゐゑを　　サシスセソ　ワヰヱヲ
たちつてと　ん　　　　　タチツテト　ン
なにぬねの　がぎぐげご　ナニヌネノ　ガギグゲゴ
はひふへほ　ぱぴぷぺぽ　ハヒフヘホ　パピプペポ
まみむめも　ゃゅょ　　　マミムメモ　ャュョ

ABCDEFGHIJKLMNOPQRSTUVWXYZ
abcdefghijklmnopqrstuvwxyz
1234567890
!"#$%&'()=~-^|¥{}[]`@;:+*<>,./?
```

9Q 組見本

吾輩は猫である。名前はまだ無い。どこで生れたかとんと見当がつかぬ。何でも薄暗いじめじめした所でニャーニャー泣いていた事だけは記憶している。吾輩はここで始めて人間というものを見た。しかもあとで聞くとそれは書生という人間中で一番獰悪な種族であったそうだ。
〈夏目漱石「我が輩は猫である」より抜粋〉

13Q 組見本

吾輩は猫である。名前はまだ無い。どこで生れたかとんと見当がつかぬ。何でも薄暗いじめじめした所でニャーニャー泣いていた事だけは記憶している。吾輩はここで始めて人間というものを見た。しかもあとで聞くとそれは書生という人間中で一番獰悪な種族であったそうだ。
〈夏目漱石「我が輩は猫である」より抜粋〉

16Q 組見本

吾輩は猫である。名前はまだ無い。どこで生れたかとんと見当がつかぬ。何でも薄暗いじめじめした所でニャーニャー泣いていた事だけは記憶している。吾輩はここで始めて人間というものを見た。しかもあとで聞くとそれは書生という人間中で一番獰悪な種族であったそうだ。
〈夏目漱石「我が輩は猫である」より抜粋〉

dreamcatcher

夢を変える力

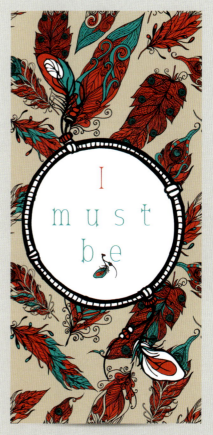

ドリームキャッチャー

収録フォルダ	MODI 工場／MODI_kurobara-gothic_2018_1102	MODI 工場 作

黒薔薇ゴシック Light

フォント名

フォント情報	MODI 工場（モーディーコウジョウ）　http://modi.jpn.org/	
フォント種別	TureType (Win / Mac)	商用利用　可
収録文字数	JIS 第一水準・JIS 第二水準（一部）	M+ FONTS をベースにした派生フォントです

```
あいうえお　やゆよ　　アイウエオ　ヤユヨ
かきくけこ　らりるれろ　カキクケコ　ラリルレロ
さしすせそ　わゐゑを　　サシスセソ　ワヰヱヲ
たちつてと　ん　　　　　タチツテト　ン
なにぬねの　がぎぐげご　ナニヌネノ　ガギグゲゴ
はひふへほ　ぱぴぷぺぽ　ハヒフヘホ　パピプペポ
まみむめも　ゃゅょ　　　マミムメモ　ャュョ
```

```
ABCDEFGHIJKLMNOPQRSTUVWXYZ
abcdefghijklmnopqrstuvwxyz
1234567890
!"#$%&'()=-~^|¥{}[]`@;:+*<>,./?
```

9Q 組見本

吾輩は猫である。名前はまだ無い。どこで生れたかとんと見当がつかぬ。何でも薄暗いじめじめした所でニャーニャー泣いていた事だけは記憶している。吾輩はここで始めて人間というものを見た。しかもあとで聞くとそれは書生という人間中で一番獰悪な種族であったそうだ。
〈夏目漱石「我が輩は猫である」より抜粋〉

13Q 組見本

吾輩は猫である。名前はまだ無い。どこで生れたかとんと見当がつかぬ。何でも薄暗いじめじめした所でニャーニャー泣いていた事だけは記憶している。吾輩はここで始めて人間というものを見た。しかもあとで聞くとそれは書生という人間中で一番獰悪な種族であったそうだ。
〈夏目漱石「我が輩は猫である」より抜粋〉

16Q 組見本

吾輩は猫である。名前はまだ無い。どこで生れたかとんと見当がつかぬ。何でも薄暗いじめじめした所でニャーニャー泣いていた事だけは記憶している。吾輩はここで始めて人間というものを見た。しかもあとで聞くとそれは書生という人間中で一番獰悪な種族であったそうだ。
〈夏目漱石「我が輩は猫である」より抜粋〉

収録フォルダ	MODI 工場／MODI_kurobara-gothic_2018_1102		MODI 工場 作
フォント名	**黒薔薇ゴシック Regular**		
フォント情報	MODI 工場（モーディーコウジョウ） http://modi.jpn.org/		
フォント種別	TureType（Win / Mac）	商用利用	可
収録文字数	JIS 第一水準・JIS 第二水準（一部）		M+ FONTS をベースにした派生フォントです

あいうえおやゆよ
かきくけこらりるれろ
さしすせそわゐゑを
たちつてとん
なにぬねのがぎぐげご
はひふへほぱぴぷぺぽ
まみむめもゃゅょ

アイウエオヤユヨ
カキクケコラリルレロ
サシスセソワヰヱヲ
タチツテトン
ナニヌネノガギグゲゴ
ハヒフヘホパピプペポ
マミムメモャュョ

ABCDEFGHIJKLMNOPQRSTUVWXYZ
abcdefghijklmnopqrstuvwxyz
1234567890
!"#$%&'()=-~^|¥{}[]`@;:+*<>,./?

9Q 組見本

吾輩は猫である。名前はまだ無い。どこで生れたかとんと見当がつかぬ。何でも薄暗いじめじめした所でニャーニャー泣いていた事だけは記憶している。吾輩はここで始めて人間というものを見た。しかもあとで聞くとそれは書生という人間中で一番獰悪な種族であったそうだ。

〈夏目漱石「我が輩は猫である」より抜粋〉

13Q 組見本

吾輩は猫である。名前はまだ無い。どこで生れたかとんと見当がつかぬ。何でも薄暗いじめじめした所でニャーニャー泣いていた事だけは記憶している。吾輩はここで始めて人間というものを見た。しかもあとで聞くとそれは書生という人間中で一番獰悪な種族であったそうだ。

〈夏目漱石「我が輩は猫である」より抜粋〉

16Q 組見本

吾輩は猫である。名前はまだ無い。どこで生れたかとんと見当がつかぬ。何でも薄暗いじめじめした所でニャーニャー泣いていた事だけは記憶している。吾輩はここで始めて人間というものを見た。しかもあとで聞くとそれは書生という人間中で一番獰悪な種族であったそうだ。

〈夏目漱石「我が輩は猫である」より抜粋〉

世界名作童話選

雪の女王
アンデルセン ハンス・クリスチャン　作

雪の女王のお城は、
はげしくふきたまる雪が、
そのままかべになり、
窓や戸口は、身をきるような
風で、できていました。
そこには、百いじょうの広間が、
じゅんにならんでいました。
それはみんな雪のふきたまった
ものでした。
いちばん大きな広間は
なんマイルにもわたっていまし
た。つよい極光オーロラが
この広間をもてらしていて、
それはただもう、ばか大きく、
がらんとしていて、
いかにも氷のようにつめたく、
ぎらぎらして見えました。
たのしみというものの、
まるでないところでした。
あらしが音楽をかなでて、
ほっきょくぐまがあと足で
立ちあがって、気どっておどる
ダンスの会もみられません。
わかい白ぎつねの貴婦人きふじ
んのあいだに、
ささやかなお茶ちゃの会かいが
ひらかれることもありません。
雪の女王の広間は、
ただもうがらんとして、
だだっぴろく、
そしてさむいばかりでした。
極光のもえるのは、
まことにきそく正しいので、
いつがいちばん高いか、
いつがいちばんひくいか、
はっきり見ることができまし

収録フォルダ	MODI 工場／ MODI_kurobara-gothic_2018_1102	MODI 工場 作

黒薔薇ゴシック Medium

フォント情報	MODI 工場（モーディーコウジョウ） http://modi.jpn.org/	
フォント種別	TureType（Win / Mac）	商用利用 可
収録文字数	JIS 第一水準・JIS 第二水準（一部）	M+ FONTS をベースにした派生フォントです

あいうえお かきくけこ さしすせそ たちつてと なにぬねの はひふへほ まみむめも

やゆよ らりるれろ わゐゑを ん がぎぐげご ぱぴぷぺぽ ゃゅょ

アイウエオ カキクケコ サシスセソ タチツテト ナニヌネノ ハヒフヘホ マミムメモ

ヤユヨ ラリルレロ ワヰヱヲ ン ガギグゲゴ パピプペポ ャュョ

ABCDEFGHIJKLMNOPQRSTUVWXYZ
abcdefghijklmnopqrstuvwxyz
1234567890
!"#$%&'()=-~^|¥{}[]`@;:+*<>,./?

9Q 組見本

吾輩は猫である。名前はまだ無い。どこで生れたかとんと見当がつかぬ。何でも薄暗いじめじめした所でニャーニャー泣いていた事だけは記憶している。吾輩はここで始めて人間というものを見た。しかもあとで聞くとそれは書生という人間中で一番獰悪な種族であったそうだ。
〈夏目漱石「我が輩は猫である」より抜粋〉

13Q 組見本

吾輩は猫である。名前はまだ無い。どこで生れたかとんと見当がつかぬ。何でも薄暗いじめじめした所でニャーニャー泣いていた事だけは記憶している。吾輩はここで始めて人間というものを見た。しかもあとで聞くとそれは書生という人間中で一番獰悪な種族であったそうだ。
〈夏目漱石「我が輩は猫である」より抜粋〉

16Q 組見本

吾輩は猫である。名前はまだ無い。どこで生れたかとんと見当がつかぬ。何でも薄暗いじめじめした所でニャーニャー泣いていた事だけは記憶している。吾輩はここで始めて人間というものを見た。しかもあとで聞くとそれは書生という人間中で一番獰悪な種族であったそうだ。
〈夏目漱石「我が輩は猫である」より抜粋〉

技術評論社ファンタジー文庫

小き者の大きな力

パトリシア・L・グローリー　作

プリフェルシリーズ　第三幕

族長の死によってプリフェルの存亡をかけた戦いに勝利したものの、その代償は大きかった。「一族の秘めた力を受け継ぐために光なき世界の妖精を探せ」

収録フォルダ	MODI 工場／ MODI_kurobara-gothic_2018_1102	MODI 工場 作

フォント名: 黒薔薇ゴシック Bold

フォント情報	MODI 工場（モーディーコウジョウ） http://modi.jpn.org/		
フォント種別	TureType（Win / Mac）	商用利用	可
収録文字数	JIS 第一水準・JIS 第二水準（一部）		M+ FONTS をベースにした派生フォントです

あいうえお やゆよ アイウエオ ヤユヨ
かきくけこ らりるれろ カキクケコ ラリルレロ
さしすせそ わゐゑを サシスセソ ヮヰヱヲ
たちつてと ん タチツテト ン
なにぬねの がぎぐげご ナニヌネノ がぎぐげご
はひふへほ ぱぴぷぺぽ ハヒフヘホ ぱぴぷぺぽ
まみむめも ゃゅょ マミムメモ ャュョ

ABCDEFGHIJKLMNOPQRSTUVWXYZ
abcdefghijklmnopqrstuvwxyz
1234567890
!"#$%&'()=-~^|¥{}[]`@;:+*<>,./?

9Q 組見本

吾輩は猫である。名前はまだ無い。どこで生れたかとんと見当がつかぬ。何でも薄暗いじめじめした所でニャーニャー泣いていた事だけは記憶している。吾輩はここで始めて人間というものを見た。しかもあとで聞くとそれは書生という人間中で一番獰悪な種族であったそうだ。〈夏目漱石「我が輩は猫である」より抜粋〉

13Q 組見本

吾輩は猫である。名前はまだ無い。どこで生れたかとんと見当がつかぬ。何でも薄暗いじめじめした所でニャーニャー泣いていた事だけは記憶している。吾輩はここで始めて人間というものを見た。しかもあとで聞くとそれは書生という人間中で一番獰悪な種族であったそうだ。〈夏目漱石「我が輩は猫である」より抜粋〉

16Q 組見本

吾輩は猫である。名前はまだ無い。どこで生れたかとんと見当がつかぬ。何でも薄暗いじめじめした所でニャーニャー泣いていた事だけは記憶している。吾輩はここで始めて人間というものを見た。しかもあとで聞くとそれは書生という人間中で一番獰悪な種族であったそうだ。〈夏目漱石「我が輩は猫である」より抜粋〉

収録フォルダ	MODI 工場／MODI_kurobara-gothic_2018_1102

MODI 工場 作

フォント名 黒薔薇ゴシック Black

フォント情報	MODI 工場（モーディーコウジョウ）　http://modi.jpn.org/		
フォント種別	TureType（Win / Mac）	商用利用	可
収録文字数	JIS 第一水準・JIS 第二水準（一部）		M+ FONTS をベースにした派生フォントです

あいうえお　やゆよ　　アイウエオ　ヤユヨ
かきくけこ　らりるれろ　カキクケコ　ラリルレロ
さしすせそ　わゐゑを　　サシスセソ　ワヰヱヲ
たちつてと　ん　　　　　タチツテト　ン
なにぬねの　がぎぐげご　ナニヌネノ　ガギグゲゴ
はひふへほ　ぱぴぷぺぽ　ハヒフヘホ　パピプペポ
まみむめも　ゃゅょ　　　マミムメモ　ャュョ

ABCDEFGHIJKLMNOPQRSTUVWXYZ
abcdefghijklmnopqrstuvwxyz
1234567890
!"#$%&'()=-~^|¥{}[]`@;:+*<>,./?

9Q 組見本

吾輩は猫である。名前はまだ無い。どこで生れたかとんと見当がつかぬ。何でも薄暗いじめじめした所でニャーニャー泣いていた事だけは記憶している。吾輩はここで始めて人間というものを見た。しかもあとで聞くとそれは書生という人間中で一番獰悪な種族であったそうだ。
〈夏目漱石「我が輩は猫である」より抜粋〉

13Q 組見本

吾輩は猫である。名前はまだ無い。どこで生れたかとんと見当がつかぬ。何でも薄暗いじめじめした所でニャーニャー泣いていた事だけは記憶している。吾輩はここで始めて人間というものを見た。しかもあとで聞くとそれは書生という人間中で一番獰悪な種族であったそうだ。
〈夏目漱石「我が輩は猫である」より抜粋〉

16Q 組見本

吾輩は猫である。名前はまだ無い。どこで生れたかとんと見当がつかぬ。何でも薄暗いじめじめした所でニャーニャー泣いていた事だけは記憶している。吾輩はここで始めて人間というものを見た。しかもあとで聞くとそれは書生という人間中で一番獰悪な種族であったそうだ。
〈夏目漱石「我が輩は猫である」より抜粋〉

愛が始まる

チョコレートの魔法

Valentine's Day

収録フォルダ	MODI 工場／MODI_kurobara-gothic_2018_1102

MODI 工場 作

黒薔薇ゴシック Heavy

フォント情報	MODI 工場（モーディーコウジョウ）　http://modi.jpn.org/
フォント種別	TureType（Win / Mac）　商用利用　可
収録文字数	JIS 第一水準・JIS 第二水準（一部）　M+ FONTS をベースにした派生フォントです

あいうえお やゆよ　アイウエオ ヤユヨ
かきくけこ らりるれろ　カキクケコ ラリルレロ
さしすせそ わゐ ゑを　サシスセソ ワヰ ヱヲ
たちつてと ん　タチツテト ン
なにぬねの がぎぐげご　ナニヌネノ がぎぐげご
はひふへほ ぱぴぷぺぽ　ハヒフヘホ ぱぴぷぺぽ
まみむめも ゃゅょ　マミムメモ ゃゅょ

A B C D E F G H I J K L M N O P Q R S T U V W X Y Z
a b c d e f g h i j k l m n o p q r s t u v w x y z
1 2 3 4 5 6 7 8 9 0
! " # $ % & ' ( ) = - ~ ^ | ¥ { } [ ] ` @ ; : + * < > , . / ?

9Q 組見本

吾輩は猫である。名前はまだ無い。どこで生れたかとんと見当がつかぬ。何でも薄暗いじめじめした所でニャーニャー泣いていた事だけは記憶している。吾輩はここで始めて人間というものを見た。しかもあとで聞くとそれは書生という人間中で一番獰悪な種族であったそうだ。〈夏目漱石「我が輩は猫である」より抜粋〉

13Q 組見本

吾輩は猫である。名前はまだ無い。どこで生れたかとんと見当がつかぬ。何でも薄暗いじめじめした所でニャーニャー泣いていた事だけは記憶している。吾輩はここで始めて人間というものを見た。しかもあとで聞くとそれは書生という人間中で一番獰悪な種族であったそうだ。〈夏目漱石「我が輩は猫である」より抜粋〉

16Q 組見本

吾輩は猫である。名前はまだ無い。どこで生れたかとんと見当がつかぬ。何でも薄暗いじめじめした所でニャーニャー泣いていた事だけは記憶している。吾輩はここで始めて人間というものを見た。しかもあとで聞くとそれは書生という人間中で一番獰悪な種族であったそうだ。〈夏目漱石「我が輩は猫である」より抜粋〉

技術評論社ファンタジー文庫

星に祈りを捧げる者たち

パトリシア・L・グローリー 作

プリフェルシリーズ 第二幕

砂漠の一族プリフェルの存亡をかけて、戦うベンとヨム。一方、星降る里のミヒは星の神々へ祈りを捧げていた

収録フォルダ	MODI 工場／MODI_Senobi-Gothic_2017_0702	MODI 工場 作

せのびゴシック Regular

フォント情報	MODI 工場（モーディーコウジョウ） http://modi.jpn.org/		
フォント種別	TureType (Win / Mac)	商用利用	可
収録文字数	JIS 第一水準・JIS 第二水準（一部）	M+ FONTS をベースにした派生フォントです	

あいうえお やゆよ アイウエオ ヤユヨ
かきくけこ らりるれろ カキクケコ ラリルレロ
さしすせそ わゐゑを サシスセソ ワヰヱヲ
たちつてと ん タチツテト ン
なにぬねの がぎぐげご ナニヌネノ ガギグゲゴ
はひふへほ ぱぴぷぺぽ ハヒフヘホ パピプペポ
まみむめも ゃゅょ マミムメモ ャュョ

A B C D E F G H I J K L M N O P Q R S T U V W X Y Z
a b c d e f g h i j k l m n o p q r s t u v w x y z
1 2 3 4 5 6 7 8 9 0
! " # $ % & ' ( ) = - ~ ^ | ¥ { } [ ] ` @ ; : + * < > , . / ?

9Q 組見本

吾輩は猫である。名前はまだ無い。どこで生れたかとんと見当がつかぬ。何でも薄暗いじめじめした所でニャーニャー泣いていた事だけは記憶している。吾輩はここで始めて人間というものを見た。しかもあとで聞くとそれは書生という人間中で一番獰悪な種族であったそうだ。
〈夏目漱石「我が輩は猫である」より抜粋〉

13Q 組見本

吾輩は猫である。名前はまだ無い。どこで生れたかとんと見当がつかぬ。何でも薄暗いじめじめした所でニャーニャー泣いていた事だけは記憶している。吾輩はここで始めて人間というものを見た。しかもあとで聞くとそれは書生という人間中で一番獰悪な種族であったそうだ。
〈夏目漱石「我が輩は猫である」より抜粋〉

16Q 組見本

吾輩は猫である。名前はまだ無い。どこで生れたかとんと見当がつかぬ。何でも薄暗いじめじめした所でニャーニャー泣いていた事だけは記憶している。吾輩はここで始めて人間というものを見た。しかもあとで聞くとそれは書生という人間中で一番獰悪な種族であったそうだ。よ
〈夏目漱石「我が輩は猫である」より抜粋〉

Happy Mother's Day!

みんなの素敵なママへ

私が今、とっても幸せでいられるのは、
お母さんのおかげ。
体に気をつけて、いつまでも健康で
若々しいお母さんでいてください。

収録フォルダ	MODI 工場／MODI_Senobi-Gothic_2017_0702	MODI 工場 作
フォント名	**せのびゴシック Medium**	
フォント情報	MODI 工場（モーディーコウジョウ） http://modi.jpn.org/	
フォント種別	TureType (Win / Mac) 商用利用 可	
収録文字数	JIS 第一水準・JIS 第二水準（一部）	M+ FONTS をベースにした派生フォントです

あ い う え お や ゆ よ ア イ ウ エ オ ヤ ユ ヨ
か き く け こ ら り る れ ろ カ キ ク ケ コ ラ リ ル レ ロ
さ し す せ そ わ ゐ ゑ を サ シ ス セ ソ ワ ヰ ヱ ヲ
た ち つ て と ん タ チ ツ テ ト ン
な に ぬ ね の が ぎ ぐ げ ご ナ ニ ヌ ネ ノ ガ ギ グ ゲ ゴ
は ひ ふ へ ほ ぱ ぴ ぷ ぺ ぽ ハ ヒ フ ヘ ホ パ ピ プ ペ ポ
ま み む め も ゃ ゅ ょ マ ミ ム メ モ ャ ュ ョ

A B C D E F G H I J K L M N O P Q R S T U V W X Y Z
a b c d e f g h i j k l m n o p q r s t u v w x y z
1 2 3 4 5 6 7 8 9 0
! " # $ % & ' ( ) = - ~ ^ | ¥ { } [ ] ` @ ; : + * < > , . / ?

9Q 組見本

吾輩は猫である。名前はまだ無い。どこで生れたかとんと見当がつかぬ。何でも薄暗いじめじめした所でニャーニャー泣いていた事だけは記憶している。吾輩はここで始めて人間というものを見た。しかもあとで聞くとそれは書生という人間中で一番獰悪な種族であったそうだ。〈夏目漱石「我が輩は猫である」より抜粋〉

13Q 組見本

吾輩は猫である。名前はまだ無い。どこで生れたかとんと見当がつかぬ。何でも薄暗いじめじめした所でニャーニャー泣いていた事だけは記憶している。吾輩はここで始めて人間というものを見た。しかもあとで聞くとそれは書生という人間中で一番獰悪な種族であったそうだ。〈夏目漱石「我が輩は猫である」より抜粋〉

16Q 組見本

吾輩は猫である。名前はまだ無い。どこで生れたかとんと見当がつかぬ。何でも薄暗いじめじめした所でニャーニャー泣いていた事だけは記憶している。吾輩はここで始めて人間というものを見た。しかもあとで聞くとそれは書生という人間中で一番獰悪な種族であったそうだ。〈夏目漱石「我が輩は猫である」より抜粋〉

Happy Father's Day!

大好きなパパへ

いつも遅くまでお仕事お疲れ様です。
私がしあわせでいられるのは
パパがお仕事を頑張ってくれているおかげです。
体に気をつけて、いつまでも健康で
お父さんでいてください。

収録フォルダ	MODI 工場／MODI_Senobi-Gothic_2017_0702

MODI 工場 作

フォント名: せのびゴシック Bold

フォント情報	MODI 工場（モーディーコウジョウ）　http://modi.jpn.org/
フォント種別	TureType（Win / Mac）　商用利用　可
収録文字数	JIS 第一水準・JIS 第二水準（一部）　M+ FONTS をベースにした派生フォントです

あいうえお やゆよ アイウエオ ヤユヨ
かきくけこ らりるれろ カキクケコ ラリルレロ
さしすせそ わゐゑを サシスセソ ワヰヱヲ
たちつてと ん タチツテト ン
なにぬねの がぎぐげご ナニヌネノ がぎぐげご
はひふへほ ぱぴぷぺぽ ハヒフヘホ ぱぴぷぺぽ
まみむめも ゃゅょ マミムメモ ゃゅょ

ABCDEFGHIJKLMNOPQRSTUVWXYZ
abcdefghijklmnopqrstuvwxyz
1234567890
!"#$%&'()=-~^|¥{}[]`@;:+*<>,./?

9Q 組見本
吾輩は猫である。名前はまだ無い。どこで生れたかとんと見当がつかぬ。何でも薄暗いじめじめした所でニャーニャー泣いていた事だけは記憶している。吾輩はここで始めて人間というものを見た。しかもあとで聞くとそれは書生という人間中で一番獰悪な種族であったそうだ。
〈夏目漱石「我が輩は猫である」より抜粋〉

13Q 組見本
吾輩は猫である。名前はまだ無い。どこで生れたかとんと見当がつかぬ。何でも薄暗いじめじめした所でニャーニャー泣いていた事だけは記憶している。吾輩はここで始めて人間というものを見た。しかもあとで聞くとそれは書生という人間中で一番獰悪な種族であったそうだ。
〈夏目漱石「我が輩は猫である」より抜粋〉

16Q 組見本
吾輩は猫である。名前はまだ無い。どこで生れたかとんと見当がつかぬ。何でも薄暗いじめじめした所でニャーニャー泣いていた事だけは記憶している。吾輩はここで始めて人間というものを見た。しかもあとで聞くとそれは書生という人間中で一番獰悪な種族であったそうだ。
〈夏目漱石「我が輩は猫である」より抜粋〉

本日のブレックファースト

たまごトースト
パンとたまごという定番コンビの朝食レシピ

ハムとチーズのホットサンド
トロトロのチーズとハムの相性がたまらないホットサンド

ピザトースト
トマトとバジルの簡単ピザ。朝食の定番メニュー

フレンチトースト
ふわふわのトーストに思いっきり甘いはちみつを添えて

パンプディング
シナモンパウダーやはちみつで甘いプリンのようなパン

収録フォルダ	MODI 工場／ MODI_irohamaru-mikami_2016_0914		MODI 工場 作
フォント名	**いろはマル みかみ Light**		
フォント情報	MODI 工場（モーディーコウジョウ）　http://modi.jpn.org/		
フォント種別	TureType（Win / Mac）	商用利用	可
収録文字数	JIS 第一水準・JIS 第二水準（一部）		M+ FONTS をベースにした派生フォントです

```
あいうえお　やゆよ　　　アイウエオ　ヤ　ユ　ヨ
かきくけこ　らりるれろ　カキクケコ　ラリルレロ
さしすせそ　わゐゑを　　サシスセソ　ワヰヱヲ
たちつてと　ん　　　　　タチツテト　ン
なにぬねの　がぎぐげご　ナニヌネノ　がぎぐげご
はひふへほ　ぱぴぷぺぽ　ハヒフヘホ　ぱぴぷぺぽ
まみむめも　ゃゅょ　　　マミムメモ　ャュョ

ABCDEFGHIJKLMNOPQRSTUVWXYZ
abcdefghijklmnopqrstuvwxyz
1234567890
!"#$%&'()=-~^|¥{}[]`@;:+*<>,./?
```

9Q 組見本

吾輩は猫である。名前はまだ無い。どこで生れたかとんと見当がつかぬ。何でも薄暗いじめじめした所でニャーニャー泣いていた事だけは記憶している。吾輩はここで始めて人間というものを見た。しかもあとで聞くとそれは書生という人間中で一番獰悪な種族であったそうだ。
〈夏目漱石「我が輩は猫である」より抜粋〉

13Q 組見本

吾輩は猫である。名前はまだ無い。どこで生れたかとんと見当がつかぬ。何でも薄暗いじめじめした所でニャーニャー泣いていた事だけは記憶している。吾輩はここで始めて人間というものを見た。しかもあとで聞くとそれは書生という人間中で一番獰悪な種族であったそうだ。
〈夏目漱石「我が輩は猫である」より抜粋〉

16Q 組見本

吾輩は猫である。名前はまだ無い。どこで生れたかとんと見当がつかぬ。何でも薄暗いじめじめした所でニャーニャー泣いていた事だけは記憶している。吾輩はここで始めて人間というものを見た。しかもあとで聞くとそれは書生という人間中で一番獰悪な種族であったそうだ。
〈夏目漱石「我が輩は猫である」より抜粋〉

チョコレート に 幸せ を

スィートなチョコレートをお口にひとつ。ビタースィートなチョコレートをお口にひとつ。ビターなチョコレートをひとつ。甘いキャラメルコーティングのチョコレートをひとつ。ピーナッツバターのチョコレートは懐かしい味。ホワイトチョコレートは初恋の味。アーモンドとチョコレートの相性は抜群。フルーツのピールはアクセント。

収録フォルダ	MODI 工場／MODI_irohamaru_2016_0727

MODI 工場 作

フォント名: いろはマル Regular

フォント情報	MODI 工場（モーディーコウジョウ）　http://modi.jpn.org/
フォント種別	TureType（Win / Mac）
商用利用	可
収録文字数	JIS 第一水準・JIS 第二水準（一部）

あいうえお やゆよ アイウエオ ヤユヨ
かきくけこ らりるれろ カキクケコ ラリルレロ
さしすせそ わゐ ゑを サシスセソ ワヰ ヱヲ
たちつてと ん タチツテト ン
なにぬねの がぎぐげご ナニヌネノ ガギグゲゴ
はひふへほ ぱぴぷぺぽ ハヒフヘホ パピプペポ
まみむめも ゃゅょ マミムメモ ャュョ

ABCDEFGHIJKLMNOPQRSTUVWXYZ
abcdefghijklmnopqrstuvwxyz
1234567890
!"#$%&'()=-~^|¥{}[]`@;:+*<>,./?

9Q 組見本

吾輩は猫である。名前はまだ無い。どこで生れたかとんと見当がつかぬ。何でも薄暗いじめじめした所でニャーニャー泣いていた事だけは記憶している。吾輩はここで始めて人間というものを見た。しかもあとで聞くとそれは書生という人間中で一番獰悪な種族であったそうだ。
〈夏目漱石「我が輩は猫である」より抜粋〉

13Q 組見本

吾輩は猫である。名前はまだ無い。どこで生れたかとんと見当がつかぬ。何でも薄暗いじめじめした所でニャーニャー泣いていた事だけは記憶している。吾輩はここで始めて人間というものを見た。しかもあとで聞くとそれは書生という人間中で一番獰悪な種族であったそうだ。
〈夏目漱石「我が輩は猫である」より抜粋〉

16Q 組見本

吾輩は猫である。名前はまだ無い。どこで生れたかとんと見当がつかぬ。何でも薄暗いじめじめした所でニャーニャー泣いていた事だけは記憶している。吾輩はここで始めて人間というものを見た。しかもあとで聞くとそれは書生という人間中で一番獰悪な種族であったそうだ。よ
〈夏目漱石「我が輩は猫である」より抜粋〉

女の人はチューリップを見て首をかしげていると、花の真ん中に人がいることに気がつきました。
つやつやした緑色のおしべにかこまれて、とても小さな女の子がかわいらしく座っていたのです。
女の子はおやゆび半分の大きさしかありませんでした。
あまりにも小さいので、女の子は『おやゆびひめ』と呼ばれることになりました。
おやゆび姫は女の人にゆりかごをもらいました。
きれいにみがかれたクルミのからの上に、スミレの花びらをシーツ、バラの花びらをしきぶとんにしたきれいなゆりかごです。
お月さんが出ている間にはそこで寝て、お日さまが出ている間はテーブルの上で遊んでいました。
テーブルの上に、女の人が用意してくれたお皿がありました。

ハンス・クリスチャン・アンデルセン作　おやゆび姫より

収録フォルダ	MODI 工場／MODI_irohamaru-mikami_2016_0914		MODI 工場 作
フォント名	**いろはマル みかみ Medium**		
フォント情報	MODI 工場（モーディーコウジョウ）　http://modi.jpn.org/		
フォント種別	TureType（Win / Mac）	商用利用	可
収録文字数	JIS 第一水準・JIS 第二水準（一部）		M+ FONTS をベースにした派生フォントです

あいうえお　やゆよ　　アイウエオ　ヤユヨ
かきくけこ　らりるれろ　カキクケコ　ラリルレロ
さしすせそ　わゐ　ゑを　サシスセソ　ワヰ　ヱヲ
たちつてと　ん　　　　　タチツテト　ン
なにぬねの　がぎぐげご　ナニヌネノ　ガギグゲゴ
はひふへほ　ぱぴぷぺぽ　ハヒフヘホ　パピプペポ
まみむめも　ゃゅょ　　　マミムメモ　ャュョ

ABCDEFGHIJKLMNOPQRSTUVWXYZ
abcdefghijklmnopqrstuvwxyz
1234567890
!"#$%&'()=-~^|¥{}[]`@;:+*<>,./?

9Q 組見本

吾輩は猫である。名前はまだ無い。どこで生れたかとんと見当がつかぬ。何でも薄暗いじめじめした所でニャーニャー泣いていた事だけは記憶している。吾輩はここで始めて人間というものを見た。しかもあとで聞くとそれは書生という人間中で一番獰悪な種族であったそうだ。
〈夏目漱石「我が輩は猫である」より抜粋〉

13Q 組見本

吾輩は猫である。名前はまだ無い。どこで生れたかとんと見当がつかぬ。何でも薄暗いじめじめした所でニャーニャー泣いていた事だけは記憶している。吾輩はここで始めて人間というものを見た。しかもあとで聞くとそれは書生という人間中で一番獰悪な種族であったそうだ。
〈夏目漱石「我が輩は猫である」より抜粋〉

16Q 組見本

吾輩は猫である。名前はまだ無い。どこで生れたかとんと見当がつかぬ。何でも薄暗いじめじめした所でニャーニャー泣いていた事だけは記憶している。吾輩はここで始めて人間というものを見た。しかもあとで聞くとそれは書生という人間中で一番獰悪な種族であったそうだ。
〈夏目漱石「我が輩は猫である」より抜粋〉

基本の料理シリーズ　No.03

基本のイタリアン

これさえ覚えれば、イタリアンはバッチリ！
ピザを生生地から作ってみよう
自慢できそうなレシピがたくさん

技評料理研究所

収録フォルダ	MODI 工場／MODI_irohakakuC_2016_0904		MODI 工場 作
フォント名	**いろは角クラシック ExtraLight**		
フォント情報	MODI 工場（モーディーコウジョウ）	http://modi.jpn.org/	
フォント種別	TureType（Win / Mac）	商用利用	可
収録文字数	第一第二水準漢字・IBM 拡張漢字・第三第四水準漢字など		源ノ角ゴシックの派生フォントです

あいうえお　やゆよ　　アイウエオ　ヤユヨ
かきくけこ　らりるれろ　カキクケコ　ラリルレロ
さしすせそ　わゐゑを　　サシスセソ　ワヰヱヲ
たちつてと　ん　　　　　タチツテト　ン
なにぬねの　がぎぐげご　ナニヌネノ　ガギグゲゴ
はひふへほ　ぱぴぷぺぽ　ハヒフヘホ　パピプペポ
まみむめも　ゃゅょ　　　マミムメモ　ャュョ

ABCDEFGHIJKLMNOPQRSTUVWXYZ
abcdefghijklmnopqrstuvwxyz
1234567890
!"#$%&'()=-~^|¥{}[]`@;:+*<>,./?

9Q 組見本

吾輩は猫である。名前はまだ無い。どこで生れたかとんと見当がつかぬ。何でも薄暗いじめじめした所でニャーニャー泣いていた事だけは記憶している。吾輩はここで始めて人間というものを見た。しかもあとで聞くとそれは書生という人間中で一番獰悪な種族であったそうだ。

〈夏目漱石「我が輩は猫である」より抜粋〉

13Q 組見本

吾輩は猫である。名前はまだ無い。どこで生れたかとんと見当がつかぬ。何でも薄暗いじめじめした所でニャーニャー泣いていた事だけは記憶している。吾輩はここで始めて人間というものを見た。しかもあとで聞くとそれは書生という人間中で一番獰悪な種族であったそうだ。

〈夏目漱石「我が輩は猫である」より抜粋〉

16Q 組見本

吾輩は猫である。名前はまだ無い。どこで生れたかとんと見当がつかぬ。何でも薄暗いじめじめした所でニャーニャー泣いていた事だけは記憶している。吾輩はここで始めて人間というものを見た。しかもあとで聞くとそれは書生という人間中で一番獰悪な種族であったそうだ。よ

〈夏目漱石「我が輩は猫である」より抜粋〉

雪の女王

Hans Christian Andersen

雪の女王のお城は、はげしくふきたまる雪が、そのままかべになり、窓や戸口は、身をきるような風で、できていました。そこには、百いじょうの広間が、じゅんにならんでいました。それはみんな雪のふきたまったものでした。いちばん大きな広間はなんマイルにもわたっていました。つよい極光オーロラがこの広間をてらしていて、それはただもう、ばか大きく、がらんとしていて、いかにも氷のようにつめたく、ぎらぎらして見えました。たのしみというものの、まるでないところでした。あらしが音楽をかなでて、ほっきょくぐまがあと足で立ちあがって、気どっておどるダンスの会もみられません。わかい白ぎつねの貴婦人きふじんのあいだに、ささやかなお茶ちゃの会かいがひらかれることもありません。雪の女王の広間は、ただもうがらんとして、だだっぴろく、そしてさむいばかりでした。極光のもえるのは、まことに

収録フォルダ	MODI 工場／MODI_irohakakuC_2016_0904	MODI 工場 作

フォント名　いろは角クラシック Light

フォント情報	MODI 工場（モーディーコウジョウ）　http://modi.jpn.org/		
フォント種別	TureType（Win / Mac）	商用利用	可
収録文字数	第一第二水準漢字・IBM 拡張漢字・第三第四水準漢字など	源ノ角ゴシックの派生フォントです	

あいうえお　　やゆよ　　　アイウエオ　　ヤユヨ
かきくけこ　　らりるれろ　　カキクケコ　　ラリルレロ
さしすせそ　　わゐゑを　　　サシスセソ　　ワヰヱヲ
たちつてと　　ん　　　　　　タチツテト　　ン
なにぬねの　　がぎぐげご　　ナニヌネノ　　ガギグゲゴ
はひふへほ　　ぱぴぷぺぽ　　ハヒフヘホ　　パピプペポ
まみむめも　　ゃゅょ　　　　マミムメモ　　ャュョ

A B C D E F G H I J K L M N O P Q R S T U V W X Y Z
a b c d e f g h i j k l m n o p q r s t u v w x y z
1 2 3 4 5 6 7 8 9 0
! ″ # $ % & ' ( ) = - ~ ^ | ¥ { } [ ] ` @ ; : + * < > , . / ?

9Q 組見本
〈夏目漱石「我が輩は猫である」より抜粋〉
吾輩は猫である。名前はまだ無い。どこで生れたかとんと見当がつかぬ。何でも薄暗いじめじめした所でニャーニャー泣いていた事だけは記憶している。吾輩はここで始めて人間というものを見た。しかもあとで聞くとそれは書生という人間中で一番獰悪な種族であったそうだ。

13Q 組見本
〈夏目漱石「我が輩は猫である」より抜粋〉
吾輩は猫である。名前はまだ無い。どこで生れたかとんと見当がつかぬ。何でも薄暗いじめじめした所でニャーニャー泣いていた事だけは記憶している。吾輩はここで始めて人間というものを見た。しかもあとで聞くとそれは書生という人間中で一番獰悪な種族であったそうだ。

16Q 組見本
〈夏目漱石「我が輩は猫である」より抜粋〉
吾輩は猫である。名前はまだ無い。どこで生れたかとんと見当がつかぬ。何でも薄暗いじめじめした所でニャーニャー泣いていた事だけは記憶している。吾輩はここで始めて人間というものを見た。しかもあとで聞くとそれは書生という人間中で一番獰悪な種族であったそうだ。よ

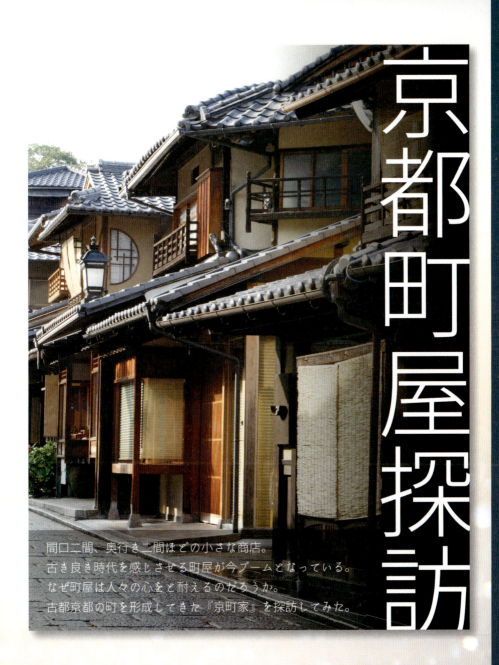

京都町屋探訪

間口二間、奥行き二間ほどの小さな商店。
古き良き時代を感じさせる町屋が今ブームとなっている。
なぜ町屋は人々の心をと耐えるのだろうか。
古都京都の町を形成してきた『京町家』を探訪してみた。

収録フォルダ	MODI工場／MODI_irohakakuC_2016_0904	MODI工場 作

フォント名　いろは角クラシック Regular

フォント情報	MODI工場（モーディーコウジョウ）　http://modi.jpn.org/	
フォント種別	TureType（Win / Mac）	商用利用　可
収録文字数	第一第二水準漢字・IBM拡張漢字・第三第四水準漢字など	源ノ角ゴシックの派生フォントです

あいうえお やゆよ アイウエオ ヤユヨ
かきくけこ らりるれろ カキクケコ ラリルレロ
さしすせそ わゐゑを サシスセソ ワヰヱヲ
たちつてと ん タチツテト ン
なにぬねの がぎぐげご ナニヌネノ ガギグゲゴ
はひふへほ ぱぴぷぺぽ ハヒフヘホ パピプペポ
まみむめも ゃゅょ マミムメモ ャュョ

ABCDEFGHIJKLMNOPQRSTUVWXYZ
abcdefghijklmnopqrstuvwxyz
1234567890
!"#$%&'()=-~^|¥{}[]`@;:+*<>,./?

9Q 組見本

吾輩は猫である。名前はまだ無い。どこで生れたかとんと見当がつかぬ。何でも薄暗いじめじめした所でニャーニャー泣いていた事だけは記憶している。吾輩はここで始めて人間というものを見た。しかもあとで聞くとそれは書生という人間中で一番獰悪な種族であったそうだ。
〈夏目漱石「我が輩は猫である」より抜粋〉

13Q 組見本

吾輩は猫である。名前はまだ無い。どこで生れたかとんと見当がつかぬ。何でも薄暗いじめじめした所でニャーニャー泣いていた事だけは記憶している。吾輩はここで始めて人間というものを見た。しかもあとで聞くとそれは書生という人間中で一番獰悪
〈夏目漱石「我が輩は猫である」より抜粋〉

16Q 組見本

吾輩は猫である。名前はまだ無い。どこで生れたかとんと見当がつかぬ。何でも薄暗いじめじめした所でニャーニャー泣いていた事だけは記憶している。吾輩はここで始めて人間というものを見た。しかもあとで聞くとそれは書生という人間中で一番獰悪な種族であったそうだ。
〈夏目漱石「我が輩は猫である」より抜粋〉

「幽霊の観世物」の話が終ると、半七老人は更にこんな話を始めた。

「観世物ではまだこんなお話があります。こんにちでも繁昌している団子坂の菊人形、あれは江戸でも旧いものじゃありません。いったい江戸の菊細工は――などと、あなたの前で物識りぶるわけではありませんが、文化九年の秋、巣鴨の染井の植木屋で菊人形を作り出したのが始まりで、それが大当りを取ったので、方々で菊細工が出来るのを真似て方々で菊細工が出来ました。明治以後は殆ど団子坂の一手専売のようになって、菊細工といえば団子坂に決められてしまいましたが、団子坂の植木屋で菊細工を始めたのは、染井よりも四十余年後

の安政三年だと覚えています。あの坂の名は汐見坂というのだそうですが、坂の中途に団子屋があるので、いつか団子坂と云い慣わして、江戸末期の絵図にもダンゴ坂と書いてあります。
そこで、このお話は文久元年の九月、ことしの団子坂の菊人形が大評判で繁昌しました。その人形はたしか植梅という植木屋であったと思います。ほかの植木屋でも思い思いの人形をこしらえました。その頃の団子坂付近は、坂の両側にこそ町屋がならんでいましたが、裏通りは武家屋敷や寺や畑ばかりで、ふだんは田舎のように寂しい所でしたが、菊人形の繁昌する時節だけは

江戸じゅうの人が押し掛けて来るので、たいへんな混雑をした。それを当て込みに、臨時の休み茶屋や食い物店なども出来る。柿や栗や芒の木兎などの土産物を売る店も出る。まったく平日と大違いの繁昌でした。
ところが、その繁昌の最中に一つの事件が出来しました。というのは、九月二十四日昼八ツ（午後二時）頃に、三人づれの外国人がこの菊人形を見物に来たんです。その頃はみんな異人と云っていましたが、これは横浜の居留地に来ている英国の商人で、男ふたりはいずれも二十七八、女は二十五六、なにかの用向きをかねて江戸見物に出て来て、その前夜は高輪たかなわ東禅

収録フォルダ	MODI 工場／MODI_irohakakuC_2016_0904	MODI 工場 作
フォント名	**いろは角クラシック Medium**	
フォント情報	MODI 工場（モーディーコウジョウ） http://modi.jpn.org/	
フォント種別	TureType（Win / Mac） 商用利用 可	
収録文字数	第一第二水準漢字・IBM 拡張漢字・第三第四水準漢字など	源ノ角ゴシックの派生フォントです

```
あいうえお やゆよ         アイウエオ ヤユヨ
かきくけこ らりるれろ      カキクケコ ラリルレロ
さしすせそ わゐゑを        サシスセソ ワヰヱヲ
たちつてと ん              タチツテト ン
なにぬねの がぎぐげご      ナニヌネノ ガギグゲゴ
はひふへほ ぱぴぷぺぽ      ハヒフヘホ パピプペポ
まみむめも ゃゅょ          マミムメモ ャュョ

ABCDEFGHIJKLMNOPQRSTUVWXYZ
abcdefghijklmnopqrstuvwxyz
1234567890
!"#$%&'()=-~^|¥{}[]`@;:+*<>,./?
```

9Q 組見本

吾輩は猫である。名前はまだ無い。どこで生れたかとんと見当がつかぬ。何でも薄暗いじめじめした所でニャーニャー泣いていた事だけは記憶している。吾輩はここで始めて人間というものを見た。しかもあとで聞くとそれは書生という人間中で一番獰悪な種族であったそうだ。〈夏目漱石「我が輩は猫である」より抜粋〉

13Q 組見本

吾輩は猫である。名前はまだ無い。どこで生れたかとんと見当がつかぬ。何でも薄暗いじめじめした所でニャーニャー泣いていた事だけは記憶している。吾輩はここで始めて人間というものを見た。しかもあとで聞くとそれは書生という人間中で一番獰悪〈夏目漱石「我が輩は猫である」より抜粋〉

16Q 組見本

吾輩は猫である。名前はまだ無い。どこで生れたかとんと見当がつかぬ。何でも薄暗いじめじめした所でニャーニャー泣いていた事だけは記憶している。吾輩はここで始めて人間というものを見た。しかもあとで聞くとそれは書生という人間中で一番獰悪な種族であったそうだ。〈夏目漱石「我が輩は猫である」より抜粋〉

1952年のアナログレコード

ロックンロールに青春を捧げた日々
きみの声が消えた

技評青春文庫

収録フォルダ	MODI 工場／MODI_irohakakuC_2016_0904	MODI 工場 作

いろは角クラシック Bold

フォント情報	MODI 工場（モーディーコウジョウ）　http://modi.jpn.org/	
フォント種別	TureType (Win / Mac)	商用利用　可
収録文字数	第一第二水準漢字・IBM 拡張漢字・第三第四水準漢字など	源ノ角ゴシックの派生フォントです

あいうえお　やゆよ　　アイウエオ　ヤユヨ
かきくけこ　らりるれろ　カキクケコ　ラリルレロ
さしすせそ　わゐゑを　　サシスセソ　ワヰヱヲ
たちつてと　ん　　　　　タチツテト　ン
なにぬねの　がぎぐげご　ナニヌネノ　ガギグゲゴ
はひふへほ　ぱぴぷぺぽ　ハヒフヘホ　パピプペポ
まみむめも　ゃゅょ　　　マミムメモ　ャュョ

ABCDEFGHIJKLMNOPQRSTUVWXYZ
abcdefghijklmnopqrstuvwxyz
1234567890
!"#$%&'()=-~^|¥{}[]`@;:+*<>,./?

9Q 組見本

吾輩は猫である。名前はまだ無い。どこで生れたかとんと見当がつかぬ。何でも薄暗いじめじめした所でニャーニャー泣いていた事だけは記憶している。吾輩はここで始めて人間というものを見た。しかもあとで聞くとそれは書生という人間中で一番獰悪な種族であったそうだ。
〈夏目漱石「我が輩は猫である」より抜粋〉

13Q 組見本

吾輩は猫である。名前はまだ無い。どこで生れたかとんと見当がつかぬ。何でも薄暗いじめじめした所でニャーニャー泣いていた事だけは記憶している。吾輩はここで始めて人間というものを見た。しかもあとで聞くとそれは書生という人間中で一番獰悪な種族であったそうだ。
〈夏目漱石「我が輩は猫である」より抜粋〉

16Q 組見本

吾輩は猫である。名前はまだ無い。どこで生れたかとんと見当がつかぬ。何でも薄暗いじめじめした所でニャーニャー泣いていた事だけは記憶している。吾輩はここで始めて人間というものを見た。しかもあとで聞くとそれは書生という人間中で一番獰悪な種族であったそうだ。
〈夏目漱石「我が輩は猫である」より抜粋〉

収録フォルダ	玉英／g_comichorrorB_freeR_021

玉英 作

フォント名　g_コミックホラー悪党(B)(教漢版)

フォント情報	よく訓練されたフォント屋	https://font.animehack.jp/	
フォント種別	TureType（Win / Mac）	商用利用	可
収録文字数	教育漢字ほか（1,804 字）		

あいうえお　やゆよ　アイウエオ　ヤユヨ
かきくけこ　らりるれろ　カキクケコ　ラリルレロ
さしすせそ　わゐ　ゑを　サシスセソ　ワヰ　ヱヲ
たちつてと　ん　　　　　タチツテト　ン
なにぬねの　がぎぐげご　ナニヌネノ　ガギグゲゴ
はひふへほ　ぱぴぷぺぽ　ハヒフヘホ　パピプペポ
まみむめも　やゆよ　　　マミムメモ　ヤユヨ

16Q 組見本

わがはいはねこである。名前はまだ無い。どこで生れたかとんと見当がつかぬ。何でもうす暗いじめじめした所でニャーニャー泣いていた事だけは記おくしている。わがはいはここで始めて人間というものを見た。しかもあとで聞くとそれは書生という人間中で一番どう悪な種族であったそうだ。〈夏目そう石「我がはいはねこである」より〉

13Q 組見本

わがはいはねこである。名前はまだ無い。どこで生れたかとんと見当がつかぬ。何でもうす暗いじめじめした所でニャーニャー泣いていた事だけは記おくしている。わがはいはここで始めて人間というものを見た。しかもあとで聞くとそれは書生という人間中で一番どう悪な種族であったそうだ。〈夏目そう石「我がはいはねこである」より〉

このフォントには収録文字数の多い有償版があります

g_コミックホラー悪党(B)-(有料版)　3,000円

3 サブウェイト同梱（Light・Regular・Bold）
JIS 第二以上漢字 10,214 字、計 11,011 字を収録・縦書き対応・商用利用可

以下の URL からダウンロード購入できます。
https://zarasu.booth.pm

収録フォルダ	しねきゃぷしょん		chiphead 作
フォント名	**しねきゃぷしょん**		
フォント情報	Chiphead　http://chiphead.jp（サイト廃止）		
フォント種別	TrueType（Win / Mac）	商用利用	可
収録文字数	JIS 第一水準・JIS 第二水準（一部）		

あいうえお　やゆよ　　アイウエオ　ヤユヨ
かきくけこ　らりるれろ　カキクケコ　ラリルレロ
さしすせそ　わゐ　ゑを　サシスセソ　ヰヱヲ
たちつてと　ん　　　　　タチツテト　ン
なにぬねの　がぎぐげご　ナニヌネノ　ガギグゲゴ
はひふへほ　ぱぴぷぺぽ　ハヒフヘホ　パピプペポ
まみむめも　ゃゅょ　　　マミムメモ　ャュョ

ABCDEFGHIJKLMNOPQRSTUVWXYZ
abcdefghijklmnopqrstuvwxyz
1234567890
!"#$%&'()=-~^|¥{}[]`@;:+*〈〉,./?

9Q 組見本

吾輩は猫である。名前はまだ無い。どこで生れたかとんと見当がつかぬ。何でも薄暗いじめじめした所でニャーニャー泣いていた事だけは記憶している。吾輩はここで始めて人間というものを見た。しかもあとで聞くとそれは書生という人間中で一番どう悪な種族であったそうだ。〈夏目漱石「我が輩は猫である」より抜粋〉

13Q 組見本

吾輩は猫である。名前はまだ無い。どこで生れたかとんと見当がつかぬ。何でも薄暗いじめじめした所でニャーニャー泣いていた事だけは記憶している。吾輩はここで始めて人間というものを見た。しかもあとで聞くとそれは書生という人間中で一番どう悪な種族であったそうだ。〈夏目漱石「我が輩は猫である」より抜粋〉

16Q 組見本

吾輩は猫である。名前はまだ無い。どこで生れたかとんと見当がつかぬ。何でも薄暗いじめじめした所でニャーニャー泣いていた事だけは記憶している。吾輩はここで始めて人間というものを見た。しかもあとで聞くとそれは書生という人間中で一番どう悪な種族であったそうだ。〈夏目漱石「我が輩は猫である」よ

アリシア？　今、どこ？　待ち合わせに遅れそうなの

カフェの前よ。コーヒーでも飲んで待ってるわ。気をつけてね

収録フォルダ	玉英／g_brushtappitsu_free_013		玉英 作
フォント名	**g_達筆(笑) (教漢版)**		
フォント情報	よく訓練されたフォント屋	https://font.animehack.jp/	
フォント種別	TureType（Win / Mac）	商用利用	可
収録文字数	教育漢字ほか（1,059 字）		

あいうえお やゆよ　アイウエオ ヤユヨ
かきくけこ らりるれろ　カキクケコ ラリルレロ
さしすせそ わゐゑを　サシスセソ ワヰヱヲ
たちつてと ん　タチツテト ン
なにぬねの がぎぐげご　ナニヌネノ がぎぐげご
はひふへほ ぱぴぷぺぽ　ハヒフヘホ ぱぴぷぺぽ
まみむめも やゆよ　マミムメモ ヤユヨ

16Q 組見本

わがはいはねこである。名前はまだ無い。どこで生れたかとんと見当がつかぬ。何でも薄暗いじめじめした所でニャーニャー泣いていた事だけは記憶している。わがはいはここで始めて人間というものを見た。しかもあとで聞くとそれは書生という人間中で一番どう悪な種族であったそうだ。〈夏目そうせき「我がはいはねこである」より〉

13Q 組見本

わがはいはねこである。名前はまだ無い。どこで生れたかとんと見当がつかぬ。何でも薄暗いじめじめした所でニャーニャー泣いていた事だけは記憶している。わがはいはここで始めて人間というものを見た。しかもあとで聞くとそれは書生という人間中で一番どう悪な種族であったそうだ。〈夏目そうせき「我がはいはねこである」より〉

このフォントには収録文字数の多い有償版があります

g_達筆(笑)-(有料版)　3,000円

4サブウェイト同梱（Light・Regular・Bold・Heavy）
JIS 第一水準・第二水準・IBM 拡張文字全てを含む漢字 6,720 字、計 7,508 字を収録・縦書き対応・商用利用可

以下の URL からダウンロード購入できます。
https://zarasu.booth.pm

収録フォルダ	玉英／g_brushtappitsu_free_013		玉英 作
フォント名	**g_達筆(笑) 太字 (教漢版)**		
フォント情報	よく訓練されたフォント屋	https://font.animehack.jp/	
フォント種別	TureType（Win / Mac）	商用利用	可
収録文字数	教育漢字ほか（1,059 字）		

あいうえお やゆよ アイウエオ ヤユヨ
かきくけこ らりるれろ カキクケコ ラリルレロ
さしすせそ わゐ ゑを サシスセソ ワヰ ヱヲ
たちつてと ん タチツテト ン
なにぬねの がぎぐげご ナニヌネノ がぎぐげご
はひふへほ ぱぴぷぺぽ ハヒフヘホ ぱぴぷぺぽ
まみむめも やゆよ マミムメモ ヤユヨ

16Q 組見本

わがはいはねこである。名前はまだ無い。どこで生れたかとんと見当がつかぬ。何でもうす暗いじめじめした所でニャーニャー泣いていた事だけは記おくしている。わがはいはここで始めて人間というものを見た。しかもあとで聞くとそれは書生という人間中で一番どう悪な種族であったそうだ。〈夏目そう石「我がはいはねこである」より〉

13Q 組見本

わがはいはねこである。名前はまだ無い。どこで生れたかとんと見当がつかぬ。何でもうす暗いじめじめした所でニャーニャー泣いていた事だけは記おくしている。わがはいはここで始めて人間というものを見た。しかもあとで聞くとそれは書生という人間中で一番どう悪な種族であったそうだ。〈夏目そう石「我がはいはねこである」より〉

このフォントには収録文字数の多い有償版があります

g_達筆(笑)-(有料版) 3,000円

4 サブウェイト同梱（Light・Regular・Bold・Heavy）
JIS 第一水準・第二水準・IBM 拡張文字全てを含む漢字 6,720 字、計 7,508 字を収録・縦書き対応・商用利用可

以下の URL からダウンロード購入できます。
https://zarasu.booth.pm

収録フォルダ	玉英／g_brushtappitsu_free_013		玉英 作

フォント名 g_達筆(笑) 極太 (教漢版)

フォント情報	よく訓練されたフォント屋	https://font.animehack.jp/	
フォント種別	TureType（Win / Mac）	商用利用	可
収録文字数	教育漢字ほか（1,059字）		

あいうえお　やゆよ　　アイウエオ　ヤユヨ
かきくけこ　らりるれろ　カキクケコ　ラリルレロ
さしすせそ　わゐ　ゑを　サシスセソ　ワヰ　ヱヲ
たちつてと　ん　　　　　タチツテト　ン
なにぬねの　がぎぐげご　ナニヌネノ　ガギグゲゴ
はひふへほ　ぱぴぷぺぽ　ハヒフヘホ　パピプペポ
まみむめも　ゃゅょ　　　マミムメモ　ャュョ

16Q 組見本

わがはいはねこである。名前はまだ無い。どこで生れたかとんと見当がつかぬ。何でもうす暗いじめじめした所でニャーニャー泣いていた事だけは記おくしている。わがはいはここで始めて人間というものを見た。しかもあとで聞くとそれは書生という人間中で一番どう悪な種族であったそうだ。〈夏目そう石「我がはいはねこである」より〉

13Q 組見本

わがはいはねこである。名前はまだ無い。どこで生れたかとんと見当がつかぬ。何でもうす暗いじめじめした所でニャーニャー泣いていた事だけは記おくしている。わがはいはここで始めて人間というものを見た。しかもあとで聞くとそれは書生という人間中で一番どう悪な種族であったそうだ。〈夏目そう石「我がはいはねこである」より〉

このフォントには収録文字数の多い有償版があります

g_達筆(笑)-(有料版)　3,000円

4サブウェイト同梱（Light・Regular・Bold・Heavy）
JIS 第一水準・第二水準・IBM 拡張文字全てを含む漢字 6,720 字、計 7,508 字を収録・縦書き対応・商用利用可

以下の URL からダウンロード購入できます。
https://zarasu.booth.pm

収録フォルダ	玉英／g_comichorrorR_freeR_012		玉英 作

フォント名 g_コミックホラー恐怖(R)(教漢版)

フォント情報	よく訓練されたフォント屋	https://font.animehack.jp/	
フォント種別	TureType（Win / Mac）	商用利用	可
収録文字数	教育漢字ほか（1,019字）		

```
あいうえお　や　ゆ　よ　　アイウエオ　ヤ　ユ　ヨ
かきくけこ　らりるれろ　　カキクケコ　ラリルレロ
さしすせそ　わゐ　ゑを　　サシスセソ　ワヰ　ヱヲ
たちつてと　ん　　　　　　タチツテト　ン
なにぬねの　がぎぐげご　　ナニヌネノ　ガギグゲゴ
はひふへほ　ぱぴぷぺぽ　　ハヒフヘホ　パピプペポ
まみむめも　ゃゅょ　　　　マミムメモ　ャュョ
```

16Q 組見本

わがはいはねこである。名前はまだ無い。どこで生れたかとんと見当がつかぬ。何でもうす暗いじめじめした所でニャーニャー泣いていた事だけは記おくしている。わがはいはここで始めて人間というものを見た。しかもあとで聞くとそれは書生という人間中で一番どう悪な種族であったそうだ。〈夏目そう石「我がはいはねこである」より〉

13Q 組見本

わがはいはねこである。名前はまだ無い。どこで生れたかとんと見当がつかぬ。何でもうす暗いじめじめした所でニャーニャー泣いていた事だけは記おくしている。わがはいはここで始めて人間というものを見た。しかもあとで聞くとそれは書生という人間中で一番どう悪な種族であったそうだ。〈夏目そう石「我がはいはねこである」より〉

このフォントには収録文字数の多い有償版があります

g_コミックホラー恐怖(R)-(有料版)　3,000円

4サブウェイト同梱（ExtraLight・Light・Regular・Bold）
JIS 第一水準・第二水準・IBM 拡張文字全てを含む漢字 計 7,506 字を収録・縦書き対応・商用利用可

以下の URL からダウンロード購入できます。
https://zarasu.booth.pm

収録フォルダ	玉英／g_comickoin_free_042		玉英 作
フォント名	**g_コミック古印体-教漢（細字）**		
フォント情報	よく訓練されたフォント屋	https://font.animehack.jp/	
フォント種別	TureType（Win / Mac）	商用利用	可
収録文字数	教育漢字ほか		

あいうえお　やゆよ　　アイウエオ　ヤユヨ
かきくけこ　らりるれろ　カキクケコ　ラリルレロ
さしすせそ　わゐ　ゑを　サシスセソ　ワヰ　ヱヲ
たちつてと　ん　　　　　タチツテト　ン
なにぬねの　がぎぐげご　ナニヌネノ　ガギグゲゴ
はひふへほ　ぱぴぷぺぽ　ハヒフヘホ　パピプペポ
まみむめも　ゃゅょ　　　マミムメモ　ャュョ

16Q 組見本

わがはいはねこである。名前はまだ無い。どこで生れたかとんと見当がつかぬ。何でもうす暗いじめじめした所でニャーニャー泣いていた事だけは記おくしている。わがはいはここで始めて人間というものを見た。しかもあとで聞くとそれは書生という人間中で一番どう悪な種族であったそうだ。〈夏目そう石「我がはいはねこである」より〉

13Q 組見本

わがはいはねこである。名前はまだ無い。どこで生れたかとんと見当がつかぬ。何でもうす暗いじめじめした所でニャーニャー泣いていた事だけは記おくしている。わがはいはここで始めて人間というものを見た。しかもあとで聞くとそれは書生という人間中で一番どう悪な種族であったそうだ。〈夏目そう石「我がはいはねこである」より〉

このフォントには収録文字数の多い有償版があります

g_コミック古印体-有料版　EL／L／R／M／B／H　　各2,600円

JIS 第一水準・第二水準・IBM 拡張文字、第三水準以降の文字と人名漢字の一部、全 14,160 字収録
縦書き対応・商用利用可

以下の URL からダウンロード購入できます。
https://zarasu.booth.pm

収録フォルダ	玉英／g_comickoin_free_042		玉英 作

フォント名　g_コミック古印体-教漢（標準）

フォント情報	よく訓練されたフォント屋	https://font.animehack.jp/	
フォント種別	TureType（Win / Mac）	商用利用	可
収録文字数	教育漢字ほか		

あいうえお　やゆよ　　アイウエオ　ヤユヨ
かきくけこ　らりるれろ　カキクケコ　ラリルレロ
さしすせそ　わゐ　ゑを　サシスセソ　ワヰ　ヱヲ
たちつてと　ん　　　　　タチツテト　ン
なにぬねの　がぎぐげご　ナニヌネノ　ガギグゲゴ
はひふへほ　ぱぴぷぺぽ　ハヒフヘホ　パピプペポ
まみむめも　ゃゅょ　　　マミムメモ　ャュョ

16Q 組見本

わがはいはねこである。名前はまだ無い。どこで生れたかとんと見当がつかぬ。何でもうす暗いじめじめした所でニャーニャー泣いていた事だけは記おくしている。わがはいはここで始めて人間というものを見た。しかもあとで聞くとそれは書生という人間中で一番どう悪な種族であったそうだ。〈夏目そう石「我がはいはねこである。」より〉

13Q 組見本

わがはいはねこである。名前はまだ無い。どこで生れたかとんと見当がつかぬ。何でもうす暗いじめじめした所でニャーニャー泣いていた事だけは記おくしている。わがはいはここで始めて人間というものを見た。しかもあとで聞くとそれは書生という人間中で一番どう悪な種族であったそうだ。〈夏目そう石「我がはいはねこである。」より〉

このフォントには収録文字数の多い有償版があります

g_コミック古印体-有料版　EL／L／R／M／B／H　各2,600円

JIS 第一水準・第二水準・IBM 拡張文字・第三水準以降の文字と人名漢字の一部、全 14,160 字収録
縦書き対応・商用利用可

以下の URL からダウンロード購入できます。
https://zarasu.booth.pm

本当にあったかもしれないホラーな話

- 夜歩くゾンビ
- トンネルをぬけたその先には・・・
- トイレの花子さん
- こっくりさんの呪い
- 兵士のさけび声
- 開かないふみきりが開く時

参道礼子
山本じろう
逆たろう
岸本陽子
他

技評ホラー文庫

収録フォルダ	玉英／g_comickoin_free_042

玉英 作

g_コミック古印体-教漢(太字)

フォント情報	よく訓練されたフォント屋　https://font.animehack.jp/
フォント種別	TureType（Win / Mac）
商用利用	可
収録文字数	教育漢字ほか

あいうえお　やゆよ　　アイウエオ　ヤユヨ
かきくけこ　らりるれろ　カキクケコ　ラリルレロ
さしすせそ　わゐ　ゑを　サシスセソ　ワヰ　ヱヲ
たちつてと　ん　　　　　タチツテト　ン
なにぬねの　がぎぐげご　ナニヌネノ　がぎぐげご
はひふへほ　ぱぴぷぺぽ　ハヒフヘホ　ぱぴぷぺぽ
まみむめも　やゆよ　　　マミムメモ　ヤユヨ

16Q 組見本

わがはいはねこである。名前はまだ無い。どこで生れたかとんと見当がつかぬ。何でもうす暗いじめじめした所でニャーニャー泣いていた事だけは記おくしている。わがはいはここで始めて人間というものを見た。しかもあとで聞くとそれは書生という人間中で一番どう悪な種族であったそうだ。〈夏目そう石「我がはいはねこである」より〉

13Q 組見本

わがはいはねこである。名前はまだ無い。どこで生れたかとんと見当がつかぬ。何でもうす暗いじめじめした所でニャーニャー泣いていた事だけは記おくしている。わがはいはここで始めて人間というものを見た。しかもあとで聞くとそれは書生という人間中で一番どう悪な種族であったそうだ。〈夏目そう石「我がはいはねこである」より〉

このフォントには収録文字数の多い有償版があります

g_コミック古印体-有料版　　EL／L／R／M／B／H　　各2,600円

JIS 第一水準・第二水準・IBM 拡張文字、第三水準以降の文字と人名漢字の一部、全 14,160 字収録
縦書き対応・商用利用可

以下の URL からダウンロード購入できます。
https://zarasu.booth.pm

収録フォルダ	Umefont			蓬莱和多流 作
フォント名	# 梅ゴシック			
フォント情報	Ume-font　https://ja.osdn.net/projects/ume-font/			
フォント種別	TrueType（Win / Mac）	商用利用	可能（無保証）	
収録文字数	JIS 第一水準・JIS 第二水準ほか（JIS2004 対応）			

```
あいうえお    やゆよ       アイウエオ   ヤユヨ
かきくけこ    らりるれろ   カキクケコ   ラリルレロ
さしすせそ    わゐゑを     サシスセソ   ワヰヱヲ
たちつてと    ん           タチツテト   ン
なにぬねの    がぎぐげご   ナニヌネノ   がぎぐげご
はひふへほ    ぱぴぷぺぽ   ハヒフヘホ   ぱぴぷぺぽ
まみむめも    ゃゅょ       マミムメモ   ャュョ

ABCDEFGHIJKLMNOPQRSTUVWXYZ
abcdefghijklmnopqrstuvwxyz
1234567890
!"#$%&'()=-~^|¥{}[]`@;:+*<>,./?
```

9Q 組見本

《夏目漱石「我が輩は猫である」より抜粋》

吾輩は猫である。名前はまだ無い。どこで生れたかとんと見当がつかぬ。何でも薄暗いじめじめした所でニャーニャー泣いていた事だけは記憶している。吾輩はここで始めて人間というものを見た。しかもあとで聞くとそれは書生という人間中で一番獰悪な種族であったそうだ。

13Q 組見本

《夏目漱石「我が輩は猫である」より抜粋》

吾輩は猫である。名前はまだ無い。どこで生れたかとんと見当がつかぬ。何でも薄暗いじめじめした所でニャーニャー泣いていた事だけは記憶している。吾輩はここで始めて人間というものを見た。しかもあとで聞くとそれは書生という人間中で一番獰悪な種族であったそうだ。

16Q 組見本

《夏目漱石「我が輩は猫である」より抜粋》

吾輩は猫である。名前はまだ無い。どこで生れたかとんと見当がつかぬ。何でも薄暗いじめじめした所でニャーニャー泣いていた事だけは記憶している。吾輩はここで始めて人間というものを見た。しかもあとで聞くとそれは書生という人間中で一番獰悪な種族であったそうだ。

GROOVE LAND
グルーヴランド

主演：アーロン・ホワイト／エマ・ディクソン

踊れ！踊れ！
この街で生き抜くために。
誰もが踊りたくなる、
グルーヴィーエンターテインメント

共演：
サム・ジェイソン
ケイト・ラッセル
カイル・スティーヴンス
ジェニファー・ワン
トミー・ウォーカー
マイケル・マディソン

収録フォルダ	Umefont		蓬莱和多流 作
フォント名	梅P明朝		
フォント情報	Ume-font　https://ja.osdn.net/projects/ume-font/		
フォント種別	TrueType（Win / Mac）	商用利用	可能（無保証）
収録文字数	JIS第一水準・JIS第二水準ほか（JIS2004対応）		

```
あいうえお    やゆよ        アイウエオ    ヤユヨ
かきくけこ    らりるれろ    カキクケコ    ラリルレロ
さしすせそ    わゐゑを      サシスセソ    ワヰヱヲ
たちつてと    ん            タチツテト    ン
なにぬねの    がぎぐげご    ナニヌネノ    ガギグゲゴ
はひふへほ    ぱぴぷぺぽ    ハヒフヘホ    パピプペポ
まみむめも    ゃゅょ        マミムメモ    ャュョ

ABCDEFGHIJKLMNOPQRSTUVWXYZ
abcdefghijklmnopqrstuvwxyz
1234567890
!"#$%&'()=-~^|¥{}[]`@;:+*<>,./?
```

9Q 組見本

吾輩は猫である。名前はまだ無い。どこで生れたかとんと見当がつかぬ。何でも薄暗いじめじめした所でニャーニャー泣いていた事だけは記憶している。吾輩はここで始めて人間というものを見た。しかもあとで聞くとそれは書生という人間中で一番獰悪な種族であったそうだ。

《夏目漱石「我が輩は猫である」より抜粋》

13Q 組見本

吾輩は猫である。名前はまだ無い。どこで生れたかとんと見当がつかぬ。何でも薄暗いじめじめした所でニャーニャー泣いていた事だけは記憶している。吾輩はここで始めて人間というものを見た。しかもあとで聞くとそれは書生という人間中で一番獰悪な種族であったそうだ。

《夏目漱石「我が輩は猫である」より抜粋》

16Q 組見本

吾輩は猫である。名前はまだ無い。どこで生れたかとんと見当がつかぬ。何でも薄暗いじめじめした所でニャーニャー泣いていた事だけは記憶している。吾輩はここで始めて人間というものを見た。しかもあとで聞くとそれは書生という人間中で一番獰悪な種族であったそうだ。

《夏目漱石「我が輩は猫である」より抜粋》

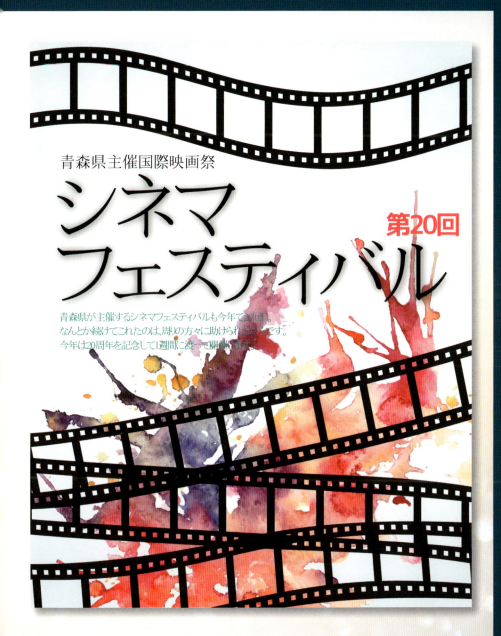

収録フォルダ	たぬきフォント		たぬき侍 作
フォント名	押出 M ゴシック			

フォント情報	たぬきフォント　https://tanukifont.com	
フォント種別	TrueType（Win / Mac）	商用利用	可（禁止事項有り）
収録文字数	JIS 第一水準・JIS 第二水準 他		M+ FONTS をベースにした派生フォントです

```
あいうえお　や　ゆ　よ　　アイウエオ　ヤ　ユ　ヨ
かきくけこ　らりるれろ　　カキクケコ　ラリルレロ
さしすせそ　わゐ　ゑを　　サシスセソ　ワヰ　ヱヲ
たちつてと　ん　　　　　　タチツテト　ン
なにぬねの　がぎぐげご　　ナニヌネノ　がぎぐげご
はひふへほ　ぱぴぷぺぽ　　ハヒフヘホ　ぱぴぷぺぽ
まみむめも　ゃゅょ　　　　マミムメモ　ャュョ

ABCDEFGHIJKLMNOPQRSTUVWXYZ
abcdefghijklmnopqrstuvwxyz
1234567890
!"#$%&'()=-~^|¥{}[]`@;:+*<>,./?
```

9Q 組見本

吾輩は猫である。名前はまだ無い。どこで生れたかとんと見当がつかぬ。何でも薄暗いじめじめした所でニャーニャー泣いていた事だけは記憶している。吾輩はここで始めて人間というものを見た。しかもあとで聞くとそれは書生という人間中で一番獰悪な種族であったそうだ。
〈夏目漱石「我が輩は猫である」より抜粋〉

13Q 組見本

吾輩は猫である。名前はまだ無い。どこで生れたかとんと見当がつかぬ。何でも薄暗いじめじめした所でニャーニャー泣いていた事だけは記憶している。吾輩はここで始めて人間というものを見た。しかもあとで聞くとそれは書生という人間中で一番獰悪な種族であったそうだ。
〈夏目漱石「我が輩は猫である」より抜粋〉

16Q 組見本

吾輩は猫である。名前はまだ無い。どこで生れたかとんと見当がつかぬ。何でも薄暗いじめじめした所でニャーニャー泣いていた事だけは記憶している。吾輩はここで始めて人間というものを見た。しかもあとで聞くとそれは書生という人間中で一番獰悪な種族であったそうだ。
〈夏目漱石「我が輩は猫である」より抜粋〉

収録フォルダ	たれフォント計画	★まくた★ 作

MTたれ＆MTたれっぴ

フォント情報	たれフォント計画（ミラーサイト） http://graphics.tailtame.com/archives/tare-font/		
フォント種別	TrueType（Win）	商用利用	可
収録文字数	JIS第一水準・JIS第二水準 他		

```
あいうえお　や　ゆ　よ      アイウエオ　ヤ　ユ　ヨ
かきくけこ　らりるれろ      カキクケコ　ラリルレロ
さしすせそ　わゐ　ゑを      サシスセソ　ワヰ　ヱヲ
たちつてと　ん              タチツテト　ン
なにぬねの　がぎぐげご      ナニヌネノ　ガギグゲゴ
はひふへほ　ぱぴぷぺぽ      ハヒフヘホ　パピプペポ
まみむめも　ゃゅょ          マミムメモ　ャュョ

ABCDEFGHIJKLMNOPQRSTUVWXYZ
abcdefghijklmnopqrstuvwxyz
1234567890
!"#$%&'()=-^¥｜{}[]`@:;+*<>,./?
```

16Q 組見本

吾輩は猫である。名前はまだ無い。どこで生れたかとんと見当がつかぬ。何でも薄暗いじめじめした所でニャーニャー泣いていた事だけは記憶している。吾輩はここで始めて人間というものを見た。しかもあとで聞くとそれは書生という人間中で一番獰悪な種族であったそうだ。
＜夏目漱石「我が輩は猫である」より抜粋＞

13Q 組見本

吾輩は猫である。名前はまだ無い。どこで生れたかとんと見当がつかぬ。何でも薄暗いじめじめした所でニャーニャー泣いていた事だけは記憶している。吾輩はここで始めて人間というものを見た。しかもあとで聞くとそれは書生という人間中で一番獰悪な種族であったそうだ。
＜夏目漱石「我が輩は猫である」より抜粋＞

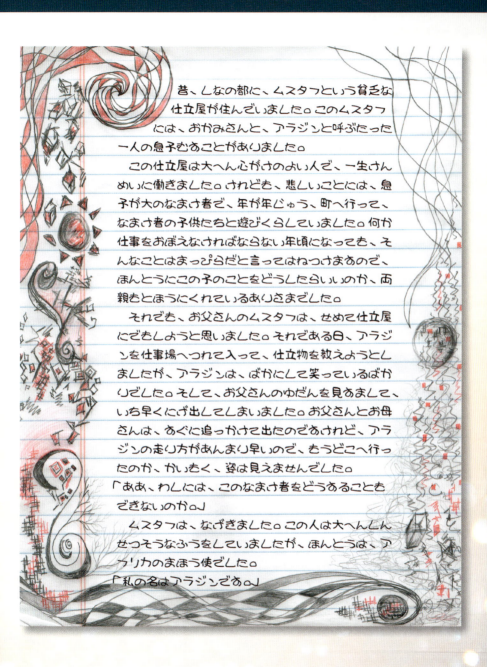

　昔、しなの都に、ムスタフという貧乏な仕立屋が住んでいました。このムスタフには、おかみさんと、アラジンと呼ぶたった一人の息子むすことがありました。
　この仕立屋は大へん心がけのよい人で、一生けんめいに働きました。けれども、悲しいことには、息子が大のなまけ者で、年が年じゅう、町へ行って、なまけ者の子供たちと遊びくらしていました。何か仕事をおぼえなければならない年頃になっても、そんなことはまっぴらだと言ってはねつけますので、ほんとうにこの子のことをどうしたらいいのか、両親はとほうにくれているありさまでした。
　それでも、お父さんのムスタフは、せめて仕立屋にでもしようと思いました。それである日、アラジンを仕事場へつれて入って、仕立物を教えようとしましたが、アラジンは、ばかにして笑っているばかりでした。そして、お父さんのゆだんを見ますして、いち早くにげ出してしまいました。お父さんとお母さんは、すぐに追っかけて出たのですけれど、アラジンの走り方があんまり早いので、もうどこへ行ったのか、かいもく、姿は見えませんでした。
「ああ、わしには、このなまけ者をどうすることもできないのか。」
　ムスタフは、なげきました。この人は大へんしんせつそうなふうをしていましたが、ほんとうは、アフリカのまほう使でした。
「私の名はアラジンです。」

収録フォルダ	ainezunouzu_ 昶		昶作
フォント名	渦角		
フォント情報	ainezunouzu　http://www.geocities.jp/o030b/ainezunouzu/（移転予定）		
フォント種別	TrueType（Win）	商用利用	可（事前連絡要・禁止事項有り）
収録文字数	約 300 字		

あいうえお　やゆよ　アイウエオ　ャュョ
かきくけこ　らりるれろ　カキクケコ　ラリルレロ
さしすせそ　わゐ　ゑを　サシスセソ　ワヰ　ヱヲ
たちつてと　ん　タチツテト　ン
なにぬねの　がぎぐげご　ナニヌネノ　がぎぐげご
はひふへほ　ぱぴぷぺぽ　ハヒフヘホ　ぱぴぷぺぽ
まみむめも　ゃゅょ　マミムメモ　ャュョ

ABCDEFGHIJKLMNOPQRSTUVWXYZ
abcdefghijklmnopqrstuvwxyz
1234567890
!"#＄%&'()=^|¥{}[]`@：:+*＜＞,.／?

16Q 組見本

わがはいはねこである。なまえはまだない。どこで生れたかとんと見とうがつかぬ。なんでもうすくらいじめじめしたところでニャーニャーないていたことだけはきおくしている。わがはいはここではじめて人げんというものを見た。しかもあとできくとそれは書生という人げん中でーばんどうあくないきものであったそうだ。〈なつ目そうせき「わがはいはねこである」より〉

13Q 組見本

わがはいはねこである。なまえはまだない。どこで生れたかとんと見とうがつかぬ。なんでもうすくらいじめじめしたところでニャーニャーないていたことだけはきおくしている。わがはいはここではじめて人げんというものを見た。しかもあとできくとそれは書生という人げん中でーばんどうあくないきものであったそうだ。〈なつ目そうせき「わがはいはねこである」より〉

Happy Father's day

おとうさん、おしごといつもおつかれさまです。
わたしたちがたのしくくらせるのは、
おとうさんがおしごとを がんばってくれてるおかげです。
いつもよるおそいけど、びょうきしないでね。

パパのかわいいむすめより

収録フォルダ	ainezunouzu_ 昶
フォント名	**渦丸**
フォント情報	ainezunouzu　http://www.geocities.jp/o030b/ainezunouzu/（移転予定）
フォント種別	TrueType（Win）
商用利用	可（事前連絡要・禁止事項有り）
収録文字数	約300字

昶作

```
あいうえお　や　ゆ　よ　　アイウエオ　ャ　ュ　ョ
かきくけこ　らりるれろ　　カキクケコ　ラリルレロ
さしすせそ　わゐ　ゑを　　サシスセソ　ワヰ　ヱヲ
たちつてと　ん　　　　　　タチツテト　ン
なにぬねの　がぎぐげご　　ナニヌネノ　がぎぐげご
はひふへほ　ぱぴぷぺぽ　　ハヒフヘホ　ぱぴぷぺぽ
まみむめも　ゃゅょ　　　　マミムメモ　ャュョ

ABCDEFGHIJKLMNOPQRSTUVWXYZ
abcdefghijklmnopqrstuvwxyz
1234567890
!"#$%&'()=^|¥{}[]`@;:+*<>,./?
```

16Q 組見本

わがはいはねこである。なまえはまだない。どこで生れたかとんと見とうがつかぬ。なんでもうすくらいじめじめしたところでニャーニャーないていたことだけはきおくしている。わがはいはここではじめて人げんというものを見た。しかもあとできくとそれは書生という人げん中で一ばんどうあくないきものであったそうだ。〈なつ目そうせき「わがはいはねこである」より〉

13Q 組見本

わがはいはねこである。なまえはまだない。どこで生れたかとんと見とうがつかぬ。なんでもうすくらいじめじめしたところでニャーニャーないていたことだけはきおくしている。わがはいはここではじめて人げんというものを見た。しかもあとできくとそれは書生という人げん中で一ばんどうあくないきものであったそうだ。〈なつ目そうせき「わがはいはねこである」より〉

Happy Mother's day

おかあさん、いつもおべんとうつくってくれてありがとう
おかあさんのおかげでまいにちがんばれます

こんど、わたしにおりょうりをおしえてね！

　　　　　　　　　ママのにくたらしいむすめより

収録フォルダ	暗黒工房／ankokuzonji
フォント名	**暗黒ゾン字**
フォント情報	暗黒工房　http://www.ankokukoubou.com/
フォント種別	TrueType（Win）
商用利用	可（条件有）
収録文字数	JIS 第一水準・JIS 第二水準

暗黒工房 作

```
あいうえお    やゆよ      アイウエオ    ヤユヨ
かきくけこ    らりるれろ    カキクケコ    ラリルレロ
さしすせそ    わゐゑを     サシスセソ    ワヰヱヲ
たちつてと    ん         タチツテト    ン
なにぬねの    がぎぐげご    ナニヌネノ    ガギグゲゴ
はひふへほ    ぱぴぷぺぽ    ハヒフヘホ    パピプペポ
まみむめも    ゃゅょ      マミムメモ    ャュョ

ABCDEFGHIJKLMNOPQRSTUVWXYZ
abcdefghijklmnopqrstuvwxyz
1234567890
!"#$%&'()=~^|【】「」@;:+*<>,./?
```

16Q 組見本

吾輩は猫である。名前はまだ無い。どこで生れたかとんと見当がつかぬ。何でも薄暗いじめじめした所でニャーニャー泣いていた事だけは記憶している。吾輩はここで始めて人間というものを見た。しかもあとで聞くとそれは書生という人間中で一番獰悪な種族であったそうだ。
＜夏目漱石「我が輩は猫である」より抜粋＞

13Q 組見本

吾輩は猫である。名前はまだ無い。どこで生れたかとんと見当がつかぬ。何でも薄暗いじめじめした所でニャーニャー泣いていた事だけは記憶している。吾輩はここで始めて人間というものを見た。しかもあとで聞くとそれは書生という人間中で一番獰悪な種族であったそうだ。
＜夏目漱石「我が輩は猫である」より抜粋＞

収録フォルダ	暗黒工房／hakidame

暗黒工房 作

吐き溜フォント

フォント情報	暗黒工房　http://www.ankokukoubou.com/		
フォント種別	TrueType（Win）	商用利用	可（条件有）
収録文字数	JIS 第一水準・JIS 第二水準		

あいうえお　やゆよ　　　アイウエオ　ヤ　ユ　ヨ
かきくけこ　らりるれろ　カキクケコ　ラリルレロ
さしすせそ　わゐ　ゑを　サシスセソ　ワヰ　ヱヲ
たちつてと　ん　　　　　タチツテト　ン
なにぬねの　がぎぐげご　ナニヌネノ　ガギグゲゴ
はひふへほ　ぱぴぷぺぽ　ハヒフヘホ　パピプペポ
まみむめも　ゃゅょ　　　マミムメモ　ャュョ

ABCDEFGHIJKLMNOPQRSTUVWXYZ
abcdefghijklmnopqrstuvwxyz
1234567890
!"#$%&'()=~^¥|　{}[]`@;:+*<>,./?

16Q 組見本

吾輩は猫である。名前はまだ無い。どこで生れたかとんと見当がつかぬ。何でも薄暗いじめじめした所でニャーニャー泣いていた事だけは記憶している。吾輩はここで始めて人間というものを見た。しかもあとで聞くとそれは書生という人間中で一番獰悪な種族であったそうだ。
＜夏目漱石『我が輩は猫である』より抜粋＞

13Q 組見本

吾輩は猫である。名前はまだ無い。どこで生れたかとんと見当がつかぬ。何でも薄暗いじめじめした所でニャーニャー泣いていた事だけは記憶している。吾輩はここで始めて人間というものを見た。しかもあとで聞くとそれは書生という人間中で一番獰悪な種族であったそうだ。
＜夏目漱石『我が輩は猫である』より抜粋＞

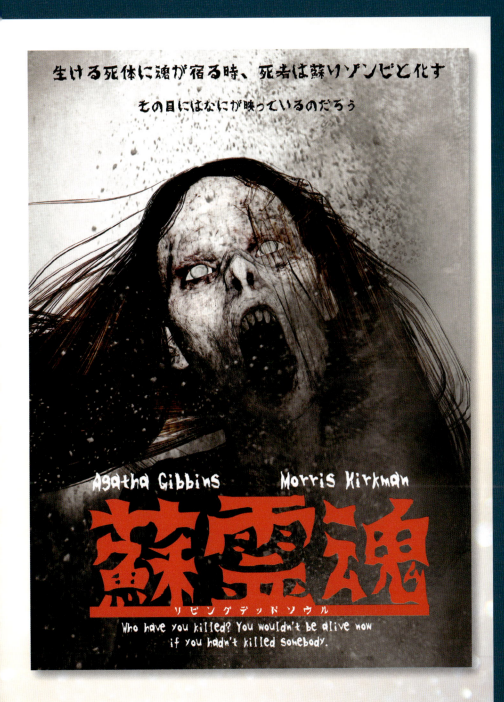

収録フォルダ	暗黒工房／onryou		暗黒工房 作

怨霊フォント

フォント情報	暗黒工房　http://www.ankokukoubou.com/		
フォント種別	TrueType（Win）	商用利用	可（条件有）
収録文字数	JIS第一水準・JIS第二水準		

```
あいうえお      やゆよ         アイウエオ      ヤユヨ
かきくけこ      らりるれろ     カキクケコ      ラリルレロ
さしすせそ      わゐゑを       サシスセソ      ワヰヱヲ
たちつてと      ん             タチツテト      ン
なにぬねの      がぎぐげご     ナニヌネノ      がぎぐげご
はひふへほ      ぱぴぷぺぽ     ハヒフヘホ      ぱぴぷぺぽ
まみむめも      ゃゅょ         マミムメモ      ャュョ

ABCDEFGHIJKLMNOPQRSTUVWXYZ
abcdefghijklmnopqrstuvwxyz
1234567890
!"#$%&'()=~ ^|{}[]`@;:+×<>,./?
```

16Q組見本

吾輩は猫である。名前はまだ無い。どこで生れたかとんと見当がつかぬ。何でも薄暗いじめじめした所でニャーニャー泣いていた事だけは記憶している。吾輩はここで始めて人間というものを見た。しかもあとで聞くとそれは書生という人間中で一番獰悪な種族であったそうだ。
＜夏目漱石「我が輩は猫である」より抜粋＞

13Q組見本

吾輩は猫である。名前はまだ無い。どこで生れたかとんと見当がつかぬ。何でも薄暗いじめじめした所でニャーニャー泣いていた事だけは記憶している。吾輩はここで始めて人間というものを見た。しかもあとで聞くとそれは書生という人間中で一番獰悪な種族であったそうだ。
＜夏目漱石「我が輩は猫である」より抜粋＞

死者からの伝言

究極のホラー映画がここにある！

そこになにがいたのか誰も知らない

その存在を語れる者もいない

そこに残された血のあとだけが何かをみている

死者の怨霊は深夜の高速道路を彷徨い続ける

主演：小野田修　代元仁　角倉研二　山本美菜子

収録フォルダ	M+ FONTS ／ mplus-TESTFLIGHT-063a		森下浩司 作
フォント名	**M+1c** thin・light・regular・medium・Bold・heavy・black サンプルは medium		
フォント情報	M+FONT　https://mplus-fonts.osdn.jp/		
フォント種別	TrueType（Win / Mac）	商用利用	可能
収録文字数	JIS 第一水準・JIS 第二水準を含む 5,300 文字以上		

```
あいうえお　や　ゆ　よ　　アイウエオ　ヤ　ユ　ヨ
かきくけこ　らりるれろ　　カキクケコ　ラリルレロ
さしすせそ　わゐ　ゑを　　サシスセソ　ワヰ　ヱヲ
たちつてと　ん　　　　　　タチツテト　ン
なにぬねの　がぎぐげご　　ナニヌネノ　がぎぐげご
はひふへほ　ぱぴぷぺぽ　　ハヒフヘホ　ぱぴぷぺぽ
まみむめも　ゃゅょ　　　　マミムメモ　ャュョ

ABCDEFGHIJKLMNOPQRSTUVWXYZ
abcdefghijklmnopqrstuvwxyz
1234567890
!"#$%&'()=-~^|¥{}[]`@;:+*<>,./?
```

9Q 組見本

吾輩は猫である。名前はまだ無い。どこで生れたかとんと見当がつかぬ。何でも薄暗いじめじめした所でニャーニャー泣いていた事だけは記憶している。吾輩はここで始めて人間というものを見た。しかもあとで聞くとそれは書生という人間中で一番獰悪な種族であったそうだ。

〈夏目漱石「我が輩は猫である」より抜粋〉

13Q 組見本

吾輩は猫である。名前はまだ無い。どこで生れたかとんと見当がつかぬ。何でも薄暗いじめじめした所でニャーニャー泣いていた事だけは記憶している。吾輩はここで始めて人間というものを見た。しかもあとで聞くとそれは書生という人間中で一番獰悪

〈夏目漱石「我が輩は猫である」より抜粋〉

16Q 組見本

吾輩は猫である。名前はまだ無い。どこで生れたかとんと見当がつかぬ。何でも薄暗いじめじめした所でニャーニャー泣いていた事だけは記憶している。吾輩はここで始めて人間というものを見た。しかもあとで聞くとそれは書生という人間中で一番獰悪な種族であったそうだ。

〈夏目漱石「我が輩は猫である」より抜粋〉

毛筆系フォント

楷書体・行書体・草書体・篆書体・
隷書体と毛筆書体をベースに
デザインされているフォント

収録フォルダ	青二書道教室／衡山毛筆フォント草書		青柳衡山 作
フォント名	**衡山毛筆フォント草書**		
フォント情報	青二書道会　http://www7a.biglobe.ne.jp/~kouzan/		
フォント種別	TrueType・OpenType（Win / Mac）	商用利用	可
収録文字数	JIS 第一水準・JIS 第二水準		

あいうえお　やゆよ　　アイウエオ　ヤユヨ
かきくけこ　らりるれろ　カキクケコ　ラリルレロ
さしすせそ　わゐゑを　　サシスセソ　ワヰヱヲ
たちつてと　ん　　　　　タチツテト　ン
なにぬねの　がぎぐげご　ナニヌネノ　ガギグゲゴ
はひふへほ　ばびぶべぼ　ハヒフヘホ　バビブベボ
まみむめも　ゃゅょ　　　マミムメモ　ャュョ

ABCDEFGHIJKLMNOPQRSTUVWXYZ
abcdefghijklmnopqrstuvwxyz
1234567890
!"#$%&'()=-~^|¥{}[]`@;:+*〈〉、。/?

9Q 組見本
吾輩は猫である。名前はまだ無い。どこで生れたかとんと見当がつかぬ。何でも薄暗いじめじめした所でニャーニャー泣いていた事だけは記憶している。吾輩はここで始めて人間というものを見た。しかもあとで聞くとそれは書生という人間中で一番獰悪な種族であったそうだ。〈夏目漱石「吾輩は猫である」より抜粋〉

13Q 組見本
吾輩は猫である。名前はまだ無い。どこで生れたかとんと見当がつかぬ。何でも薄暗いじめじめした所でニャーニャー泣いていた事だけは記憶している。吾輩はここで始めて人間というものを見た。しかもあとで聞くとそれは書生という人間中で一番獰悪な種族であったそうだ。〈夏目漱石「吾輩は猫である」より抜粋〉

16Q 組見本
吾輩は猫である。名前はまだ無い。どこで生れたかとんと見当がつかぬ。何でも薄暗いじめじめした所でニャーニャー泣いていた事だけは記憶している。吾輩はここで始めて人間というものを見た。しかもあとで聞くとそれは書生という人間中で一番獰悪な種族であったそうだ。〈夏目漱石「吾輩は猫である」より抜粋〉

小野小町

花の色は
うつりにけりな
いたづらに
我が身世にふる
ながめせしまに

収録フォルダ	マチポンブログ		しょかき（山口翔平）作
フォント名	**しょかきさらり（行体）**		
フォント情報	マチポンブログ http://shokaki.hatenablog.jp/		
フォント種別	TrueType（Win / Mac）	商用利用	可（条件有）
収録文字数	JIS 第一水準		

あいうえお やゆよ アイウエオ ヤユヨ
かきくけこ らりるれろ カキクケコ ラリルレロ
さしすせそ わゐゑを サシスセソ ワヰヱヲ
たちつてと ん タチツテト ン
なにぬねの がぎぐげご ナニヌネノ がぎぐげご
はひふへほ ぱぴぷぺぽ ハヒフヘホ ぱぴぷぺぽ
まみむめも ゃゅょ マミムメモ ャュョ

ABCDEFGHIJKLMNOPQRSTUVWXYZ
abcdefghijklmnopqrstuvwxyz
1234567890
!"#$%&'()=-~^|{}[]`@::+*<>,./?

9Q 組見本
吾輩は猫である。名前はまだ無い。どこで生れたかとんと見当がつかぬ。何でも薄暗いじめじめした所でニャーニャー泣いていた事だけは記憶している。吾輩はここで始めて人間というものを見た。しかもあとで聞くとそれは書生という人間中で一番どう悪な種族であったそうだ。
〈夏目漱石「我が輩は猫である」より抜粋〉

13Q 組見本
吾輩は猫である。名前はまだ無い。どこで生れたかとんと見当がつかぬ。何でも薄暗いじめじめした所でニャーニャー泣いていた事だけは記憶している。吾輩はここで始めて人間というものを見た。しかもあとで聞くとそれは書生という人間中で一番どう悪な種族であったそうだ。
〈夏目漱石「我が輩は猫である」より抜粋〉

16Q 組見本
吾輩は猫である。名前はまだ無い。どこで生れたかとんと見当がつかぬ。何でも薄暗いじめじめした所でニャーニャー泣いていた事だけは記憶している。吾輩はここで始めて人間というものを見た。しかもあとで聞くとそれは書生という人間中で一番どう悪な種族であったそうだ。
〈夏目漱石「我が輩は猫である」より抜粋〉

拝啓
この度区立女職校に入学いたします。（タクサンオイワイシテチョウダイナ）戸籍抄本が是非要るのですから、お手数ながら何卒四月の九日までにお送り下さるやうに願上ます。もし抄本がなければ折角四等で合格しても何にもなりません。入学も何も駄目になりますから何卒くれ／″＼お願ひ申上げます。三日か四日か二日にはきっとタイムスにも出るでせうから大きい目をうんと開けて御覧下さい。先づ先に『此の中に第四位にて入学せる知里幸恵は旧土人なり』って書てありますからハボなんか目ひっくりかへして腰ぬかすかもしれませんからお気をつけなすって。ふち早く来ればいいな……。九日に戸籍抄本をもって行くのですからそれにおくれいば困りますから、どうかかはいさうに思って早く送って下さい。おべんきょうなさい。お願い申しあげます。
（百十名の中で四番ですからえらいでせう）

高央、真志保、御

収録フォルダ	青二書道教室／衡山毛筆フォント行書		青柳衡山 作

フォント名: 衡山毛筆フォント行書

フォント情報	青二書道会 http://www7a.biglobe.ne.jp/~kouzan/		
フォント種別	TrueType・OpenType（Win / Mac）	商用利用	可
収録文字数	JIS 第一水準・JIS 第二水準		

あいうえお やゆよ　　アイウエオ ヤユヨ
かきくけこ らりるれろ　　カキクケコ ラリルレロ
さしすせそ わゐゑをん　　サシスセソ ワヰヱヲン
たちつてと　　　　　　　タチツテト
なにぬねの がぎぐげご　　ナニヌネノ ガギグゲゴ
はひふへほ ばびぶべぼ　　ハヒフヘホ バビブベボ
まみむめも ゃゅょっ　　　マミムメモ ャュョッ

ABCDEFGHIJKLMNOPQRSTUVWXYZ
abcdefghijklmnopqrstuvwxyz
1234567890
!"#$%&'()=-~^|¥{}[]`@;:+*〈〉,./?

9Q 組見本
吾輩は猫である。名前はまだ無い。どこで生れたかとんと見当がつかぬ。何でも薄暗いじめじめした所でニャーニャー泣いていた事だけは記憶している。吾輩はここで始めて人間というものを見た。しかもあとで聞くとそれは書生という人間中で一番獰悪な種族であったそうだ。
〈夏目漱石「我が輩は猫である」より抜粋〉

13Q 組見本
吾輩は猫である。名前はまだ無い。どこで生れたかとんと見当がつかぬ。何でも薄暗いじめじめした所でニャーニャー泣いていた事だけは記憶している。吾輩はここで始めて人間というものを見た。しかもあとで聞くとそれは書生という人間中で一番獰悪な種族であったそうだ。
〈夏目漱石「我が輩は猫である」より抜粋〉

16Q 組見本
吾輩は猫である。名前はまだ無い。どこで生れたかとんと見当がつかぬ。何でも薄暗いじめじめした所でニャーニャー泣いていた事だけは記憶している。吾輩はここで始めて人間というものを見た。しかもあとで聞くとそれは書生という人間中で一番獰悪な種族であったそうだ。
〈夏目漱石「我が輩は猫である」より抜粋〉

清少納言

夜をこめて
鳥のそらねは
はかるとも
よに逢坂の
関はゆるさじ

収録フォルダ	青二書道教室／青柳衡山フォントT	青柳衡山 作
フォント名	青柳衡山フォントT	

フォント情報	青二書道会　http://www7a.biglobe.ne.jp/~kouzan/		
フォント種別	TrueType・OpenType（Win / Mac）	商用利用	可
収録文字数	JIS第一水準・JIS第二水準		

あいうえお　やゆよ　　アイウエオ　ヤユヨ
かきくけこ　らりるれろ　カキクケコ　ラリルレロ
さしすせそ　わゐゑを　　サシスセソ　ワヰヱヲ
たちつてと　ん　　　　　タチツテト　ン
なにぬねの　がぎぐげご　ナニヌネノ　ガギグゲゴ
はひふへほ　ばびぶべぼ　ハヒフヘホ　バビブベボ
まみむめも　ゃゅょ　　　マミムメモ　ャュョ

ABCDEFGHIJKLMNOPQRSTUVWXYZ
abcdefghijklmnopqrstuvwxyz
1234567890
!"#$%&'()=-~^|¥{}[]`@;:+*<>,./?

9Q組見本

吾輩は猫である。名前はまだ無い。どこで生れたかとんと見当がつかぬ。何でも薄暗いじめじめした所でニャーニャー泣いていた事だけは記憶している。吾輩はここで始めて人間というものを見た。しかもあとで聞くとそれは書生という人間中で一番悪な種族であったそうだ。
〈夏目　石「我が輩は猫である」より抜粋〉

13Q組見本

吾輩は猫である。名前はまだ無い。どこで生れたかとんと見当がつかぬ。何でも薄暗いじめじめした所でニャーニャー泣いていた事だけは記憶している。吾輩はここで始めて人間というものを見た。しかもあとで聞くとそれは書生という人間中で一番悪
〈夏目　石「我が輩は猫である」より抜粋〉

16Q組見本

吾輩は猫である。名前はまだ無い。どこで生れたかとんと見当がつかぬ。何でも薄暗いじめじめした所でニャーニャー泣いていた事だけは記憶している。吾輩はここで始めて人間というものを見た。しかもあとで聞くとそれは書生という人間中で一番悪な種族であったそうだ。
〈夏目　石「我が輩は猫である」より抜粋〉

紫式部

めぐりあひて
見しやそれとも
わかぬまに
雲がくれにし
夜半の月かな

収録フォルダ	白舟書体／			白舟書体 作
フォント名	**白舟古印体教漢**			
フォント情報	白舟書体　http://www.hakusyu.com			
フォント種別	TrueType（Win / Mac）	商用利用	可・連絡必要	
収録文字数	教育漢字まで			

あいうえお　やゆよ　　アイウエオ　ヤユヨ
かきくけこ　らりるれろ　カキクケコ　ラリルレロ
さしすせそ　わゐゑを　　サシスセソ　ワヰヱヲ
たちつてと　ん　　　　　タチツテト　ン
なにぬねの　がぎぐげご　ナニヌネノ　ガギグゲゴ
はひふへほ　ぱぴぷぺぽ　ハヒフヘホ　パピプペポ
まみむめも　やゆよ　　　マミムメモ　ヤユヨ

ABCDEFGHIJKLMNOPQRSTUVWXYZ
abcdefghijklmnopqrstuvwxyz
1234567890
!"#$%&'　＝ー～＾｜￥　`@;:+*<>,./?

9Q 組見本

わがはいはねこである。名前はまだ無い。どこで生れたかとんと見当がつかぬ。何でもうす暗いじめじめした所でニャーニャー泣いていた事だけは記おくしている。わがはいはここで始めて人間というものを見た。しかもあとで聞くとそれは書生という人間中で一番どう悪な種族であったそうだ。〈夏目そう石「我がはいはねこである」〉

13Q 組見本

わがはいはねこである。名前はまだ無い。どこで生れたかとんと見当がつかぬ。何でもうす暗いじめじめした所でニャーニャー泣いていた事だけは記おくしている。わがはいはここで始めて人間というものを見た。しかもあとで聞くとそれは書生という人間中で一番どう悪な種族であったそうだ。〈夏目そう石「我がはいはねこである」〉

16Q 組見本

わがはいはねこである。名前はまだ無い。どこで生れたかとんと見当がつかぬ。何でもうす暗いじめじめした所でニャーニャー泣いていた事だけは記おくしている。わがはいはここで始めて人間というものを見た。しかもあとで聞くとそれは書生という人間中で一番どう悪な種族であったそうだ。〈夏目そう石「我がはい

万里の長城

世界遺産をめぐる
中国四千年の歴史

数多くの歴史文化と華美な現代文化とが違和感なく混在する中国の首都、北京。万里の長城、頤和園、故宮博物院などの歴史遺産を見学するツアーです。

収録フォルダ	白舟書体／		白舟書体 作
フォント名	**白舟印相体教漢**		
フォント情報	白舟書体　http://www.hakusyu.com		
フォント種別	TrueType（Win / Mac）	商用利用	可・連絡必要
収録文字数	教育漢字まで		

あいうえお　やゆよ　　アイウエオ　ヤユヨ
かきくけこ　らりるれろ　カキクケコ　ラリルレロ
さしすせそ　わゐゑを　　サシスセソ　ワヰヱヲ
たちつてと　ん　　　　　タチツテト　ン
なにぬねの　がぎぐげご　ナニヌネノ　ガギグゲゴ
はひふへほ　ぱぴぷぺぽ　ハヒフヘホ　パピプペポ
まみむめも　ゃゅょ　　　マミムメモ　ャュョ

ABCDEFGHIJKLMNOPQRSTUVWXYZ
abcdefghijklmnopqrstuvwxyz
1234567890
!"#$%&'　＝^|¥　`@；：+*<>,.／?

9Q 組見本

わがはいはねこである。名前はまだ無い。どこで生れたかとんと見当がつかぬ。何でもうす暗いじめじめした所でニャーニャー泣いていた事だけは記憶している。わがはいはここで始めて人間というものを見た。しかもあとで聞くとそれは書生という人間中で一番どう悪な種族であったそうだ。〈夏目そう石「私がはいはねこである」〉

13Q 組見本

わがはいはねこである。名前はまだ無い。どこで生れたかとんと見当がつかぬ。何でもうす暗いじめじめした所でニャーニャー泣いていた事だけは記憶している。わがはいはここで始めて人間というものを見た。しかもあとで聞くとそれは書生という人間中で一番どう悪な種族であったそう

16Q 組見本

わがはいはねこである。名前はまだ無い。どこで生れたかとんと見当がつかぬ。何でもうす暗いじめじめした所でニャーニャー泣いていた事だけは記憶している。わがはいはここで始めて人間というものを見た。しかもあとで聞くとそれは書生という人間中で一番どう悪な種族であったそうだ。〈夏目そう石「私がはいはねこであ

新春万福

昨年はお世話になりました
今年もよろしくお願いいたします

2020　元日

収録フォルダ	白舟書体／	白舟書体 作
フォント名	白舟極太楷書教漢	
フォント情報	白舟書体　http://www.hakusyu.com	
フォント種別	TrueType（Win / Mac）	商用利用　可・連絡必要
収録文字数	教育漢字まで	

あいうえお かきくけこ さしすせそ たちつてと なにぬねの はひふへほ まみむめも やゐゆゑよ らりるれろ わゐをん がぎぐげご ざじずぜぞ だぢづでど ばびぶべぼ ぱぴぷぺぽ ゃゅょっ

アイウエオ カキクケコ サシスセソ タチツテト ナニヌネノ ハヒフヘホ マミムメモ ヤヰユヱヨ ラリルレロ ワヰヲン ガギグゲゴ ザジズゼゾ ダヂヅデド バビブベボ パピプペポ ャュョッ

ABCDEFGHIJKLMNOPQRSTUVWXYZ
abcdefghijklmnopqrstuvwxyz
1234567890
!"#$%&' ＝＾｜￥ `@;:+*<>,./?

9Q 組見本

わがはいはねこである。名前はまだ無い。どこで生れたかとんと見当がつかぬ。何でもうす暗いじめじめした所でニャーニャー泣いていた事だけは記おくしている。わがはいはここで始めて人間というものを見た。しかもあとで聞くとそれは書生という人間中で一番どう悪な種族であったそうだ。〈夏目そう石「我がはいはねこである」〉

13Q 組見本

わがはいはねこである。名前はまだ無い。どこで生れたかとんと見当がつかぬ。何でもうす暗いじめじめした所でニャーニャー泣いていた事だけは記おくしている。わがはいはここで始めて人間というものを見た。しかもあとで聞くとそれは書生という人間中で一番どう悪な種族であったそうだ。〈夏目そう石「我がはいはねこである」〉

16Q 組見本

わがはいはねこである。名前はまだ無い。どこで生れたかとんと見当がつかぬ。何でもうす暗いじめじめした所でニャーニャー泣いていた事だけは記おくしている。わがはいはここで始めて人間というものを見た。しかもあとで聞くとそれは書生という人間中で一番どう悪な種族であったそうだ。〈夏目そう石「我がはいはねこである」〉

かなざわ城本丸へ

冬の北陸の古都 加賀百万石の城下町

前田利家公が城を定めて以来、
加賀百万石の城下町として発展してかなざわ。
新幹線開通から小京都として人気の町です。
かなざわ本丸ゴシックはそんなかなざわの豊かな自然と伝統が息
づくかなざわ市をイメージした丸ゴシック体です。
武家好みの気品ある形の中に、かれいな美しさをふくんでいます。
クラシックなやわらかさの中にキレのある表現が可能です。

収録フォルダ	白舟書体／
フォント名	**白舟草書教漢**
フォント情報	白舟書体　http://www.hakusyu.com
フォント種別	TrueType（Win / Mac）
商用利用	可・連絡必要
収録文字数	教育漢字まで

白舟書体 作

あいうえおかきくけこさしすせそたちつてとなにぬねのはひふへほまみむめも
やゆよらりるれろわゐゑを
アイウエオカキクケコサシスセソタチツテトナニヌネノハヒフヘホマミムメモ
ヤユヨラリルレロワヰヱヲ
がぎぐげごぱぴぷぺぽゃゅょ
ガギグゲゴパピプペポャュョ

ABCDEFGHIJKLMNOPQRSTUVWXYZ
abcdefghijklmnopqrstuvwxyz
1234567890
!"#$%&'　=^|¥　　`@;:+*<>,./?

9Q 組見本

わがはいはねこである。名前はまだ無い。どこで生れたかとんと見当がつかぬ。何でも薄暗いじめじめした所でニャーニャー泣いていた事だけは記憶している。わがはいはここで始めて人間というものを見た。しかもあとで聞くとそれは書生という人間中で一番獰悪な種族であったそうだ。〈夏目そうゝ不「𠮷がはいはねこである」〉

13Q 組見本

わがはいはねこである。名前はまだ無い。どこで生れたかとんと見当がつかぬ。何でも薄暗いじめじめした所でニャーニャー泣いていた事だけは記憶している。わがはいはここで始めて人間というものを見た。しかもあとで聞くとそれは書生という人間中で一番獰悪な種族であったそうだ。〈夏目そうゝ不「𠮷がはいはねこである」〉

16Q 組見本

わがはいはねこである。名前はまだ無い。どこで生れたかとんと見当がつかぬ。何でも薄暗いじめじめした所でニャーニャー泣いていた事だけは記憶している。わがはいはここで始めて人間というものを見た。しかもあとで聞くとそれは書生という人間中で一番獰悪な種族であったそうだ。〈夏目そうゝ不「𠮷がはい

昔のみ代がこいしくてならないような時にはどこよりもこちらへ来るのがよいと今わかりました。兆常になぐさめられることも、また悲しくなることもあります。時代に順応しようとする人ばかりですから、昔のことをそうのに徒し相手がだんだんすくなくなってまいります。しかしあなたは私以上におさびしいでしょう」

と源氏に言われて、もとからこ独の悲しみの中にひたっているめ心も、今さらのようにまた心がしんみりとさびしくなって弱く様子が見える。人からも同情をひく徳しみの多いめごなのであった。

人目なくあれたる宿はたちばなの花こそのきのつまとなりけれ

とだけそうのであるが、さすがにこれは装めきじょであると源氏は思った。さっきの家のめ以来いく人ものめ性を思い出していたのであるが、それとこれとが比べ合わせられたのである。

129

収録フォルダ	白舟書体／		白舟書体 作
フォント名	白舟篆古印教漢		
フォント情報	白舟書体　http://www.hakusyu.com		
フォント種別	TrueType（Win / Mac）	商用利用	可・連絡必要
収録文字数	教育漢字まで		

```
あいうえお　やゆよ　　アイウエオ　ヤユヨ
かきくけこ　らりるれろ　カキクケコ　ラリルレロ
さしすせそ　わゐゑを　　サシスセソ　ワヰヱヲ
たちつてと　ん　　　　　タチツテト　ン
なにぬねの　がぎぐげご　ナニヌネノ　ガギグゲゴ
はひふへほ　ぱぴぷぺぽ　ハヒフヘホ　パピプペポ
まみむめも　ゃゅょ　　　マミムメモ　ャュョ

ABCDEFGHIJKLMNOPQRSTUVWXYZ
abcdefghijklmnopqrstuvwxyz
1234567890
!"#$%&'　＝＾｜¥　　｀@；：＋＊＜＞,．／？
```

9Q 組見本

わがはいはねこである。名前はまだ無い。どこで生れたかとんと見当がつかぬ。何でも薄暗いじめじめした所でニャーニャー泣いていた事だけは記憶している。わがはいはここで始めて人間というものを見た。しかもあとで聞くとそれは書生という人間中で一番どう悪な種族であったそうだ。〈夏目そう石「我がはいはねこである」〉

13Q 組見本

わがはいはねこである。名前はまだ無い。どこで生れたかとんと見当がつかぬ。何でも薄暗いじめじめした所でニャーニャー泣いていた事だけは記憶している。わがはいはここで始めて人間というものを見た。しかもあとで聞くとそれは書生という人間中で一番どう悪な種族であったそうだ。〈夏目そう石「我がはいはねこである」〉

16Q 組見本

わがはいはねこである。名前はまだ無い。どこで生れたかとんと見当がつかぬ。何でも薄暗いじめじめした所でニャーニャー泣いていた事だけは記憶している。わがはいはここで始めて人間というものを見た。しかもあとで聞くとそれは書生という人間中で一番どう悪な種族であったそうだ。〈夏目そう石「我がはいはねこである」〉

文字の歴史展

エジプトの象形文字から表音文字のアルファベットへ、中国の象形文字は表意文字から漢字。
そして日本では仮名とカナ、韓国ではハングルの表音文字へ発展していった。

収録フォルダ	白舟書体／		白舟書体 作

白舟行書教漢

フォント情報	白舟書体　http://www.hakusyu.com		
フォント種別	TrueType（Win / Mac）	商用利用	可・連絡必要
収録文字数	教育漢字まで		

あいうえおかきくけこさしすせそたちつてとなにぬねのはひふへほまみむめも
やゆよらりるれろわゐゑをんがぎぐげござじずぜぞだぢづでどばびぶべぼぱぴぷぺぽゃゅょ

アイウエオカキクケコサシスセソタチツテトナニヌネノハヒフヘホマミムメモ
ヤユヨラリルレロワヰヱヲンガギグゲゴがぎぐげごぱぴぷぺぽャユヨ

ABCDEFGHIJKLMNOPQRSTUVWXYZ
abcdefghijklmnopqrstuvwxyz
1234567890
!"#$%&'　＝＾｜￥　　｀@；：＋＊＜＞,．／？

9Q 組見本

わがはいはねこである。名前はまだ無い。どこで生れたかとんと見当がつかぬ。何でも薄暗いじめじめした所でニャーニャー泣いていた事だけは記おくしている。わがはいはここで始めて人間というものを見た。しかもあとで聞くとそれは書生という人間中で一番どう悪な種族であったそうだ。〈夏目そう石「我がはいはねこである」〉

13Q 組見本

わがはいはねこである。名前はまだ無い。どこで生れたかとんと見当がつかぬ。何でも薄暗いじめじめした所でニャーニャー泣いていた事だけは記おくしている。わがはいはここで始めて人間というものを見た。しかもあとで聞くとそれは書生という人間中で一番どう悪な種族であったそうだ。〈夏目そう石「我がはいはねこである」〉

16Q 組見本

わがはいはねこである。名前はまだ無い。どこで生れたかとんと見当がつかぬ。何でも薄暗いじめじめした所でニャーニャー泣いていた事だけは記おくしている。わがはいはここで始めて人間というものを見た。しかもあとで聞くとそれは書生という人間中で一番どう悪な種族であったそうだ。〈夏目そう石「我がはい

長生未央

昨年は大変お世話になりました
本年もよろしくお願い申しあげます

令和二年 元旦

収録フォルダ	白舟書体／		白舟書体 作
フォント名	**白舟行書 Pro 教漢**		
フォント情報	白舟書体　http://www.hakusyu.com		
フォント種別	TrueType（Win / Mac）	商用利用	可・連絡必要
収録文字数	教育漢字まで		

あいうえおかきくけこさしすせそたちつてとなにぬねのはひふへほまみむめも
やゆよらりるれろわゐゑをがぎぐげごぱぴぷぺぽゃゅょ
アイウエオカキクケコサシスセソタチツテトナニヌネノハヒフヘホマミムメモ
ヤユヨラリルレロワヰヱヲがぎぐげごぱぴぷぺぽャュョ

ABCDEFGHIJKLMNOPQRSTUVWXYZ
abcdefghijklmnopqrstuvwxyz
1234567890
!"#$%&'＝＾｜¥｀@;:+*<>,.／?

9Q 組見本

わがはいはねこである。名前はまだ無い。どこで生れたかとんと見当がつかぬ。何でもうす暗いじめじめした所でニャーニャー泣いていた事だけは記おくしている。わがはいはここで始めて人間というものを見た。しかもあとで聞くとそれは書生という人間中で一番どう悪な種族であったそうだ。〈夏目そう石「我がはいはねこである」〉

13Q 組見本

わがはいはねこである。名前はまだ無い。どこで生れたかとんと見当がつかぬ。何でもうす暗いじめじめした所でニャーニャー泣いていた事だけは記おくしている。わがはいはここで始めて人間というものを見た。しかもあとで聞くとそれは書生という〈夏目そう石「我がはいはねこである」〉

16Q 組見本

わがはいはねこである。名前はまだ無い。どこで生れたかとんと見当がつかぬ。何でもうす暗いじめじめした所でニャーニャー泣いていた事だけは記おくしている。わがはいはここで始めて人間というものを見た。しかもあとで聞くとそれは書生という人間中で一番どう悪な種族であったそうだ。〈夏目そう石「我がはい

前略

連日の厳しいもう暑の中、お変わりなくお過ごしでしょうか。

私ども家族一同は、暑さに負けないようがん張って過ごしております。

先日は近所の湖にキャンプをしにまいりました。ひしょにもよい場所ですので、近くにお寄りの際にはぜひご案内いたします。

まだまだ暑さが続くようですが、お体をこわさぬようおいのり申し上げております。

二〇二〇年　夏　山本美子

収録フォルダ	白舟書体／		白舟書体 作
フォント名	# 白舟隷書教漢		
フォント情報	白舟書体　http://www.hakusyu.com		
フォント種別	TrueType（Win / Mac）	商用利用	可・連絡必要
収録文字数	教育漢字まで		

```
あ い う え お    や    ゆ    よ    ア イ ウ エ オ    ヤ    ユ    ヨ
か き く け こ    ら り る れ ろ    カ キ ク ケ コ    ラ リ ル レ ロ
さ し す せ そ    わ ゐ    ゑ を    サ シ ス セ ソ    ワ ヰ    ヱ ヲ
た ち つ て と    ん              タ チ ツ テ ト    ン
な に ぬ ね の    が ぎ ぐ げ ご    ナ ニ ヌ ネ ノ    ガ ギ グ ゲ ゴ
は ひ ふ へ ほ    ぱ ぴ ぷ ぺ ぽ    ハ ヒ フ ヘ ホ    パ ピ プ ペ ポ
ま み む め も    ゃ ゅ ょ         マ ミ ム メ モ    ャ ュ ョ

A B C D E F G H I J K L M N O P Q R S T U V W X Y Z
a b c d e f g h i j k l m n o p q r s t u v w x y z
1 2 3 4 5 6 7 8 9 0
! " # $ % & '    = ^ | ¥    ` @ ; : + * < > , . ／ ?
```

9Q 組見本

わがはいはねこである。名前はまだ無い。どこで生れたかとんと見当がつかぬ。何でもうす暗いじめじめした所でニャーニャー泣いていた事だけは記おくしている。わがはいはここで始めて人間というものを見た。しかもあとで聞くとそれは書生という人間中で一番どう悪な種族であったそうだ。〈夏目そう石「我がはいはねこである」〉

13Q 組見本

わがはいはねこである。名前はまだ無い。どこで生れたかとんと見当がつかぬ。何でもうす暗いじめじめした所でニャーニャー泣いていた事だけは記おくしている。わがはいはここで始めて人間というものを見た。しかもあとで聞くとそれは書生という人間中で一番どう悪な種族であったそうだ。〈夏目そう石「我がはいはねこである」〉

16Q 組見本

わがはいはねこである。名前はまだ無い。どこで生れたかとんと見当がつかぬ。何でもうす暗いじめじめした所でニャーニャー泣いていた事だけは記おくしている。わがはいはここで始めて人間というものを見た。しかもあとで聞くとそれは書生という人間中で一番どう悪な種族であったそうだ。〈夏目そう石「我がはい

招きねこから化けねこまで
色々なねこがいた

フェイク えどねこ絵展

2020年
4月6日〜5月10日
東京都立美術館

日本ではねこが大ブーム。あまえてくるかと思えば、いたずらをしたり、時には窓の外をじっとながめて、何か人には悪いもかげないような考え事をしているようにみえたり、色々な表情を見せてくれるねこは、私たち人間にとってもはやペットという領域をこえる存在です。えど・明治時代のうき世絵師は、そんな愛すべきねこたちの姿を、様々な形でえがきました。

収録フォルダ	白舟書体／
フォント名	**白舟楷書教漢**
フォント情報	白舟書体　http://www.hakusyu.com
フォント種別	TrueType（Win / Mac）
商用利用	可・連絡必要
収録文字数	教育漢字まで

白舟書体 作

あいうえお　やゆよ　わゐゑを　ん
かきくけこ　らりるれろ
さしすせそ
たちつてと
なにぬねの　がぎぐげご
はひふへほ　ぱぴぷぺぽ
まみむめも　ゃゅょ

アイウエオ　ヤユヨ　ワヰヱヲ　ン
カキクケコ　ラリルレロ
サシスセソ
タチツテト
ナニヌネノ　ガギグゲゴ
ハヒフヘホ　パピプペポ
マミムメモ　ャュョ

ABCDEFGHIJKLMNOPQRSTUVWXYZ
abcdefghijklmnopqrstuvwxyz
1234567890
!"#$%&'　＝^｜¥　｀@;:+*<>,. ／?

9Q 組見本

わがはいはねこである。名前はまだ無い。どこで生れたかとんと見当がつかぬ。何でもうす暗いじめじめした所でニャーニャー泣いていた事だけは記おくしている。わがはいはここで始めて人間というものを見た。しかもあとで聞くとそれは書生という人間中で一番どう悪な種族であったそうだ。〈夏目そう石「我がはいはねこである」〉

13Q 組見本

わがはいはねこである。名前はまだ無い。どこで生れたかとんと見当がつかぬ。何でもうす暗いじめじめした所でニャーニャー泣いていた事だけは記おくしている。わがはいはここで始めて人間というものを見た。しかもあとで聞くとそれは書生という人間中で一番どう悪な種族であったそうだ。〈夏目そう石「我がはいはねこである」〉

16Q 組見本

わがはいはねこである。名前はまだ無い。どこで生れたかとんと見当がつかぬ。何でもうす暗いじめじめした所でニャーニャー泣いていた事だけは記おくしている。わがはいはここで始めて人間というものを見た。しかもあとで聞くとそれは書生とい

大和劇場特公演

クリスマスの夜をあなたと

チャイコフスキー
くるみ割り人形

2020年
12月20日(日)〜12月26日(土)

主催／大和市(やまと芸術劇場)　クリスマスにバレエを楽しむ会

収録フォルダ	青二書道教室／衡山毛筆フォント
フォント名	**衡山毛筆フォント**
フォント情報	青二書道会　http://www7a.biglobe.ne.jp/~kouzan/
フォント種別	TrueType・OpenType（Win / Mac）　商用利用　可
フォント言語	JIS 第一水準・JIS 第二水準

青柳衡山 作

あいうえお やゆよ　アイウエオ ヤユヨ
かきくけこ らりるれろ　カキクケコ ラリルレロ
さしすせそ わゐゑをん　サシスセソ ワヰヱヲン
たちつてと　　　　　　　タチツテト
なにぬねの がぎぐげご　ナニヌネノ ガギグゲゴ
はひふへほ ばびぶべぼ　ハヒフヘホ バビブベボ
まみむめも ゃゅょ　　　マミムメモ ャュョ

ABCDEFGHIJKLMNOPQRSTUVWXYZ
abcdefghijklmnopqrstuvwxyz
1234567890
!"#$%&'()=-~^|{}[]`@;:+*<>、。/?

9Q 組見本

吾輩は猫である。名前はまだ無い。どこで生れたかとんと見当がつかぬ。何でも薄暗いじめじめした所でニャーニャー泣いていた事だけは記憶している。吾輩はここで始めて人間というものを見た。しかもあとで聞くとそれは書生という人間中で一番獰悪な種族であったそうだ。〈夏目漱石「我が輩は猫である」より抜粋〉

13Q 組見本

吾輩は猫である。名前はまだ無い。どこで生れたかとんと見当がつかぬ。何でも薄暗いじめじめした所でニャーニャー泣いていた事だけは記憶している。吾輩はここで始めて人間というものを見た。しかもあとで聞くとそれは書生という人間中で一番獰悪な種族であったそうだ。〈夏目漱石「我が輩は猫である」より抜粋〉

16Q 組見本

吾輩は猫である。名前はまだ無い。どこで生れたかとんと見当がつかぬ。何でも薄暗いじめじめした所でニャーニャー泣いていた事だけは記憶している。吾輩はここで始めて人間というものを見た。しかもあとで聞くとそれは書生という人間中で一番獰悪な種族であったそうだ。〈夏目漱石「我が輩は猫である」より抜粋〉

前略

日ごとに春の日差しを感じられるようになりましたが、いかがお過ごしでしょうか。

私は新しい職場に慣れるために右往左往しておりますが、仕事ができることに感謝し精進したいと存じます。

新年度でお忙しいとは存じますが、近いうちにお会いできることを心よりお待ち申し上げております。

春爛漫とはいえ、花冷えする季節柄、風邪など召しませんよう、ご自愛ください。

ご家族の皆様にも、くれぐれもよろしくお伝えくださいませ。

二〇二〇年 春 山本美子

収録フォルダ	青二書道教室／青柳疎石フォント2
フォント名	**青柳疎石フォント2**

青柳衡山 作

フォント情報	青二書道会　http://www7a.biglobe.ne.jp/~kouzan/
フォント種別	TrueType・OpenType（Win / Mac）　商用利用　可
フォント言語	JIS第一水準・JIS第二水準

あいうえお やゆよ わ
かきくけこ らりるれろ
さしすせそ わゐ ゑを
たちつてと ん
なにぬねの がぎぐげご
はひふへほ ばびぶべぼ
まみむめも ゃゅょ

アイウエオ ヤユヨ ヲ
カキクケコ ラリルレロ
サシスセソ ワヰヱヲ
タチツテト ン
ナニヌネノ ガギグゲゴ
ハヒフヘホ バビブベボ
マミムメモ ャュョ

ABCDEFGHIJKLMNOPQRSTUVWXYZ
abcdefghijklmnopqrstuvwxyz
1234567890
!"#$%&'()=-~^|{}[]`@;:+*<>,./?

9Q 組見本

吾輩は猫である。名前はまだ無い。どこで生れたかとんと見当がつかぬ。何でも薄暗いじめじめした所でニャーニャー泣いていた事だけは記憶している。吾輩はここで始めて人間というものを見た。しかもあとで聞くとそれは書生という人間中で一番獰悪な種族であったそうだ。

〈夏目漱石「我が輩は猫である」より抜粋〉

13Q 組見本

吾輩は猫である。名前はまだ無い。どこで生れたかとんと見当がつかぬ。何でも薄暗いじめじめした所でニャーニャー泣いていた事だけは記憶している。吾輩はここで始めて人間というものを見た。しかもあとで聞くとそれは書生という人間中で一番獰悪な種族であったそうだ。

〈夏目漱石「我が輩は猫である」より抜粋〉

16Q 組見本

吾輩は猫である。名前はまだ無い。どこで生れたかとんと見当がつかぬ。何でも薄暗いじめじめした所でニャーニャー泣いていた事だけは記憶している。吾輩はここで始めて人間というものを見た。しかもあとで聞くとそれは書生という人間中で一番獰悪な種族であったそうだ。

〈夏目漱石「我が輩は猫である」より抜粋〉

前略
寒中お見舞い申し上げます
厳しい寒さが続いておりますが、
皆様いかがお過ごしでしょうか。
年始のご挨拶が遅れ、大変失礼いたしました。
おかげさまで私どもは、大した病気をすることもなく
過ごしております。
本年も変わらぬお付き合いのほど、よろしくお願いいたします。
今年はまだまだ寒気が猛威を振るうとのこと。
くれぐれもご自愛くださいませ。

二〇二〇年 冬 山本美子

手書き系フォント

手書きの文字を元にした
フォント（毛筆の手書きは除く）

収録フォルダ	wemo／		oka（おか）作
フォント名	**えり字**		
フォント情報	wemo　　http://v7.mine.nu/pysco/		
フォント種別	OpenTy@e（Win / Mac）	商用利用	個人のみ可（個人以外の利用は条件有）
収録文字数	常用漢字		

あいうえお　やゆよ　　　アイウエオ　ヤユヨ
かきくけこ　らりるれろ　カキクケコ　ラリルレロ
さしすせそ　わゐゑを　　サシスセソ　ワヰヱヲ
たちつてと　ん　　　　　タチツテト　ン
なにぬねの　がぎぐげご　ナニヌネノ　ガギグゲゴ
はひふへほ　ぱぴぷぺぽ　ハヒフヘホ　パピプペポ
まみむめも　ゃゅょ　　　マミムメモ　ャュョ

ABCDEFGHIJKLMNOPQRSTUVWXYZ
abcdefghijklmnopqrstuvwxyz
1234567890
!"#$%&'()=-~^|{}[]`@;:+*<>,./?

16Q 組見本

わが輩は猫である。名前はまだ無い。どこで生れたか
とんと見当がつかぬ。何でも薄暗いじめじめした所で
ニャーニャー泣いていた事だけは記憶している。わが
輩はここで始めて人間というものを見た。しかもあと
で聞くとそれは書生という人間中で一番どう悪な種族
であったそうだ。
＜夏目そう石「我が輩は猫である」より抜粋＞

13Q 組見本

わが輩は猫である。名前はまだ無い。どこで生れたかとんと見当
がつかぬ。何でも薄暗いじめじめした所でニャーニャー泣いてい
た事だけは記憶している。わが輩はここで始めて人間というもの
を見た。しかもあとで聞くとそれは書生という人間中で一番どう
悪な種族であったそうだ。
＜夏目そう石「我が輩は猫である」より抜粋＞

収録フォルダ	玉英／g_pencilkaisho_free_012			玉英 作
フォント名	**g_えんぴつ楷書(教漢版)**			
フォント情報	よく訓練されたフォント屋	https://font.animehack.jp/		
フォント種別	TureType（Win / Mac）	商用利用	可	
収録文字数	教育漢字ほか			

```
あいうえお  や ゆ よ    アイウエオ  ヤ ユ ヨ
かきくけこ  らりるれろ   カキクケコ  ラリルレロ
さしすせそ  わゐ ゑを    サシスセソ  ワヰ ヱヲ
たちつてと              タチツテト  ン
なにぬねの  がぎぐげご   ナニヌネノ  がぎぐげご
はひふへほ  ぱぴぷぺぽ   ハヒフヘホ  ぱぴぷぺぽ
まみむめも  ゃゅょ       マミムメモ  ャュョ
```

16Q 組見本

わがはいはねこである。名前はまだ無い。どこで生れたかとんと見当がつかぬ。何でもうす暗いじめじめした所でニャーニャー泣いていた事だけは記おくしている。わがはいはここで始めて人間というものを見た。しかもあとで聞くとそれは書生という人間中で一番どう悪な種族であったそうだ。〈夏目そう石「我がはいはねこである」より〉

13Q 組見本

わがはいはねこである。名前はまだ無い。どこで生れたかとんと見当がつかぬ。何でもうす暗いじめじめした所でニャーニャー泣いていた事だけは記おくしている。わがはいはここで始めて人間というものを見た。しかもあとで聞くとそれは書生という人間中で一番どう悪な種族であったそうだ。〈夏目そう石「我がはいはねこである」より〉

このフォントには収録文字数の多い有償版があります

g_えんぴつ楷書-(有料版)　2,000円

5 サブウェイト同梱（L・R・B・H・U）
JIS 第一水準・第二水準・IBM 拡張文字全てを含む漢字 6,715 字、計 7,524 字を収録・縦書き対応・商用利用可
以下の URL からダウンロード購入できます。
https://zarasu.booth.pm

カスタードプリンの作り方

材料

カラメルソース用
　砂糖 大さじ5
　水 大さじ2

プリン用
　牛乳 500ml
　砂糖 70g
　卵M 4個
　バニラエッセンス少々
　バター少々

1. カラメルソースを作る
なべに砂糖大さじ5を入れ、水大さじ1を入れて火にかけます。砂糖がとけてアメ色になったら、水大さじ1をいれます。こがしすぎないように注意！

2. 卵液を作る
牛乳に砂糖を入れてとかしながら、人はだ程度に温めておきます。ボールに卵を割り入れ、温めた牛乳を少しずつ入れながらかき混ぜます。全部混ざったら、卵液をこしてバニラエッセンスをふりいれます。

収録フォルダ	玉英／g_squarebold_free_007		玉英 作
フォント名	**g_やぐらフォント**（太手書き角）プレビュー版		
フォント情報	よく訓練されたフォント屋	https://font.animehack.jp/	
フォント種別	TureType（Win / Mac）	商用利用	可
収録文字数	59文字		

あいうえお　や　ゆ　よ　　アイウエオ　ヤ　ユ　ヨ
かきくけこ　らりるれろ　　カキクケコ　ラリルレロ
さしすせそ　わゐ　ゑを　　サシスセソ　ワヰ　ヱヲ
たちつてと　ん　　　　　　タチツテト　ン
なにぬねの　がぎぐげご　　ナニヌネノ　がぎぐげご
はひふへほ　ぱぴぷぺぽ　　ハヒフヘホ　ぱぴぷぺぽ
まみむめも　ゃゅょ　　　　マミムメモ　ャュョ

ABCDEFGHIJKLMNOPQRSTUVWXYZ
abcdefghijklmnopqrstuvwxyz
1234567890
!"#$%&'()=^｜¥{}[]`@;:+*<>,.／?

16Q 組見本

声売変夏夕外多夜大天太女妹姉子字学室家寺小少屋岩

わがはいはねこであるなまえはまだない。どこでうまれたかとんとけんとうがつかぬ。なんでもうすぐらいじめじめしたところでニャーニャーないていたことだけはきおくしている。
なつめそうせき「わがわはいはねこである」より

13Q 組見本

声売変夏夕外多夜大天太女妹姉子字学室家寺小少屋岩崎山平年帰店

わがはいはねこであるなまえはまだない。どこでうまれたかとんとけんとうがつかぬ。なんでもうすぐらいじめじめしたところでニャーニャーないていたことだけはきおくしている。
なつめそうせき「わがわはいはねこである」より＞

おいしいパンで おうちカフェ

ホームベーカリー入門編
お家で簡単につくれるカフェメニュー
簡単レシピ満載
材料を揃えて入れるだけ！
おしゃれなパンとおいしいカフェで、「おうちカフェ」

収録フォルダ	玉英／g_roundbold_kana_005		玉英 作
フォント名	**g_いろりフォント**（太手書き丸）プレビュー版		
フォント情報	よく訓練されたフォント屋	https://font.animehack.jp/	
フォント種別	TureType（Win / Mac）	商用利用	可
収録文字数	21文字		

あいうえお　やゆよ　　　アイウエオ　ヤユヨ
かきくけこ　らりるれろ　カキクケコ　ラリルレロ
さしすせそ　わゐ　ゑを　サシスセソ　ワヰ　ヱヲ
たちつてと　ん　　　　　タチツテト　ン
なにぬねの　がぎぐげご　ナニヌネノ　がぎぐげご
はひふへほ　ぱぴぷぺぽ　ハヒフヘホ　ぱぴぷぺぽ
まみむめも　ゃゅょ　　　マミムメモ　ャュョ

ABCDEFGHIJKLMNOPQRSTUVWXYZ
abcdefghijklmnopqrstuvwxyz
1234567890
!(),-.:;?_|―‥…ーー｜｜、。「」゛゜ー

16Q 組見本

丸九体入可大太字嵐手斜書標;準澄犬登購阿風

わがはいはねこであるなまえはまだない。どこでうまれたかとんとけんとうがつかぬ。なんでもうすぐらいじめじめしたところでニャーニャーないていたことだけはきおくしている。
なつめそうせき「わがわはいはねこである」より

13Q 組見本

丸九体入可大太字嵐手斜書標;準澄犬登購阿風

わがはいはねこであるなまえはまだない。どこでうまれたかとんとけんとうがつかぬ。なんでもうすぐらいじめじめしたところでニャーニャーないていたことだけはきおくしている。
なつめそうせき「わがわはいはねこである」より

収録フォルダ	たぬきフォント			たぬき侍 作
フォント名	**たぬき油性マジック**			
フォント情報	たぬきフォント　https://tanukifont.com			
フォント種別	TrueType（Win / Mac）	商用利用	可（禁止事項有り）	
収録文字数	JIS 第一水準・JIS 第二水準 他			

```
あいうえお    やゆよ       アイウエオ    ヤユヨ
かきくけこ    らりるれろ   カキクケコ    ラリルレロ
さしすせそ    わゐゑを     サシスセソ    ワヰヱヲ
たちつてと    ん           タチツテト    ン
なにぬねの    がぎぐげご   ナニヌネノ    がぎぐげご
はひふへほ    ぱぴぷぺぽ   ハヒフヘホ    ぱぴぷぺぽ
まみむめも    ゃゅょ       マミムメモ    ャュョ

ABCDEFGHIJKLMNOPQRSTUVWXYZ
abcdefghijklmnopqrstuvwxyz
1234567890
!"#$%&'()=-~^|¥{}[]`@;:+*<>,./?
```

9Q 組見本

吾輩は猫である。名前はまだ無い。どこで生れたかとんと見当がつかぬ。何でも薄暗いじめじめした所でニャーニャー泣いていた事だけは記憶している。吾輩はここで始めて人間というものを見た。しかもあとで聞くとそれは書生という人間中で一番獰悪な種族であったそうだ。
〈夏目漱石「我が輩は猫である」より抜粋〉

13Q 組見本

吾輩は猫である。名前はまだ無い。どこで生れたかとんと見当がつかぬ。何でも薄暗いじめじめした所でニャーニャー泣いていた事だけは記憶している。吾輩はここで始めて人間というものを見た。しかもあとで聞くとそれは書生という人間中で一番獰悪な種族であったそうだ。
〈夏目漱石「我が輩は猫である」より抜粋〉

16Q 組見本

吾輩は猫である。名前はまだ無い。どこで生れたかとんと見当がつかぬ。何でも薄暗いじめじめした所でニャーニャー泣いていた事だけは記憶している。吾輩はここで始めて人間というものを見た。しかもあとで聞くとそれは書生という人間中で一番獰悪な種族であったそうだ。
〈夏目漱石「我が輩は猫である」より抜粋〉

収録フォルダ	たぬきフォント			たぬき侍 作

フォント名 全児童フォント フェルトペン教漢版

フォント情報	たぬきフォント　https://TANUKIFONT.COM		
フォント種別	TrueType（Win / Mac）	商用利用	可（禁止事項有り）
収録文字数	教育漢字（1,006文字）		

あいうえお　やゆよ　　アイウエオ　ヤユヨ
かきくけこ　らりるれろ　カキクケコ　ラリルレロ
さしすせそ　わゐ　ゑを　サシスセソ　ワヰ　ヱヲ
たちつてと　ん　　　　　タチツテト　ン
なにぬねの　がぎぐげご　ナニヌネノ　ガギグゲゴ
はひふへほ　ぱぴぷぺぽ　ハヒフヘホ　パピプペポ
まみむめも　ゃゅょ　　　マミムメモ　ャユョ

16Q 組見本

わがはいはねこである。名前はまだ無い。どこで生まれたか
とんと見当がつかぬ。何でもうす暗いじめじめした所で
ニャーニャー泣いていた事だけは記おくしている。わがはい
はここで始めて人間というものを見た。しかもあとで聞くと
それは書生という人間中で一番どう悪な種族であったそう
だ。〈夏目そう石「我がはいはねこである」より〉

13Q 組見本

わがはいはねこである。名前はまだ無い。どこで生まれたかとんと見当が
つかぬ。何でもうす暗いじめじめした所でニャーニャー泣いていた事だけ
は記おくしている。わがはいはここで始めて人間というものを見た。しか
もあとで聞くとそれは書生という人間中で一番どう悪な種族であったそう
だ。〈夏目そう石「我がはいはねこである」より〉

このフォントには収録文字数の多い有償版があります

全児童フォント フェルトペン　1,410円

JIS 第一水準・第二水準・IBM 拡張文字全てを含む漢字 6,700 文字以上を収録

以下の URL からダウンロード購入できます。
https://tanukifont.booth.pm/

きょうは、パパとママといもうとと一緒しょに公園へいきました。
花がさいていました。
きれいでした。
ぼくは、ころびました。
いたかったです。

収録フォルダ	ainezunouzu_ 昶		昶作
フォント名	# 渦筆		
フォント情報	ainezunouzu　http://www.geocities.jp/o030b/ainezunouzu/（移転予定）		
フォント種別	TrueType (Win)	商用利用	可（事前連絡要・禁止事項有り）
収録文字数	約700字		

あいうえお やゆよ アイウエオ ヤユヨ
かきくけこ らりるれろ カキクケコ ラリルレロ
さしすせそ わゐ ゑを サシスセソ ワヰ ヱヲ
たちつてと ン タチツテト ン
なにぬねの がぎぐげご ナニヌネノ ガギグゲゴ
はひふへほ ぱぴぷぺぽ ハヒフヘホ パピプペポ
まみむめも ゃゅょ マミムメモ ャュョ

ABCDEFGHIJKLMNOPQRSTUVWXYZ
abcdefghijklmnopqrstuvwxyz
1234567890
!"#$%&'()=^|¥{}[]`@;:+*<>,./?

9Q 組見本
わがはいはねこである。なまえはまだ無い。どこでうまれたかとんとけんとうがつかぬ。何でもうす暗いじめじめしたところでニャーニャー泣いていたことだけは記おくしている。わがはいはここで始めて人間というものをみた。しかもあとできくとそれはしょせいという人間中でいちばんどうあくなしゅぞくであったそうだ。〈夏めそう石「我がはいはねこである」より〉

13Q 組見本
わがはいはねこである。なまえはまだ無い。どこでうまれたかとんとけんとうがつかぬ。何でもうす暗いじめじめしたところでニャーニャー泣いていたことだけは記おくしている。わがはいはここで始めて人間というものをみた。しかもあとできくとそれは〈夏めそう石「我がはいはねこである」より〉

16Q 組見本
わがはいはねこである。なまえはまだ無い。どこでうまれたかとんとけんとうがつかぬ。何でもうす暗いじめじめしたところでニャーニャー泣いていたことだけは記おくしている。わがはいはここで始めて人間というものをみた。しかもあとできく〈夏めそう石「我がはいはねこであ

きみがきえたあの日のそらはあおかった
ぼくはいつまでもきみを待っている

あなたのシラナイ
わたしの心

技評ファンタジー文庫

収録フォルダ	ainezunouzu_ 昶		昶作
フォント名	# 渦ペン		
フォント情報	ainezunouzu　http://www.geocities.jp/o030b/ainezunouzu/ （移転予定）		
フォント種別	TrueType（Win）	商用利用	可（事前連絡要・禁止事項有り）
収録文字数	若干数		

```
あいうえお　や　ゆ　よ　　アイウエオ　ヤ　ユ　ヨ
かきくけこ　らりるれろ　　カキクケコ　ラリルレロ
さしすせそ　わゐ ゑを　　サシスセソ　ワヰ ヱヲ
たちつてとん　　　　　　　タチツテト ン
なにぬねの　がぎぐげご　　ナニヌネノ　がぎぐげご
はひふへほ　ぱぴぷぺぽ　　ハヒフヘホ　ぱぴぷぺぽ
まみむめも　ゃゅょ　　　　マミムメモ　ャュョ
ABCDEFGHIJKLMNOPQRSTUVWXYZ
abcdefghijklmnopqrstuvwxyz
1234567890
!"#$%&'()=^|¥{}[]`@;:+*<>,./?
```

16Q 組見本

わがはいはねこである。なまえはまだない。どこでうれたかとんとけんとうがつかぬ。なんでもうすくらいじめじめしたところでニャーニャーないていたことだけはきおくしている。わがはいはここではじめてにんげんというものをみた。
〈なつめそうせき「わがはいはねこである」より〉

13Q 組見本

わがはいはねこである。なまえはまだない。どこでうれたかとんとけんとうがつかぬ。なんでもうすくらいじめじめしたところでニャーニャーないていたことだけはきおくしている。わがはいはここではじめてにんげんというものをみた。
〈なつめそうせき「わがはいはねこである」より〉

収録フォルダ	ainezunouzu_ 昶		昶作

渦鉛筆

フォント情報	ainezunouzu　http://www.geocities.jp/o030b/ainezunouzu/（移転予定）		
フォント種別	TrueType（Win）	商用利用	可（事前連絡要・禁止事項有り）
収録文字数	若干数		

```
あいうえお　や　ゆ　よ　　アイウエオ　ヤ　ユ　ヨ
かきくけこ　らりるれろ　　カキクケコ　ラリルレロ
さしすせそ　わゐ　ゑを　　サシスセソ　ワヰ　ヱヲ
たちつてと　ん　　　　　　タチツテト　ン
なにぬねの　がぎぐげご　　ナニヌネノ　がぎぐげご
はひふへほ　ぱぴぷぺぽ　　ハヒフヘホ　ぱぴぷぺぽ
まみむめも　ゃゅょ　　　　マミムメモ　ャュョ
ABCDEFGHIJKLMNOPQRSTUVWXYZ
abcdefghijklmnopqrstuvwxyz
1234567890
!"#$%&'()=^|¥{}[]`@;:+*<>,./?
```

16Q 組見本

わがはいはねこである。なまえはまだない。どこでうれたかとんとけんとうがつかぬ。なんでもうすくらいじめじめしたところでニャーニャーないていたことだけはきおくしている。わがはいはここではじめてにんげんというものをみた。
〈なつめそうせき「わがはいはねこである」より〉

13Q 組見本

わがはいはねこである。なまえはまだない。どこでうれたかとんとけんとうがつかぬ。なんでもうすくらいじめじめしたところでニャーニャーないていたことだけはきおくしている。わがはいはここではじめてにんげんというものをみた。
〈なつめそうせき「わがはいはねこである」より〉

おかあさん
いつもごはんをつくってくれて
ありがとう

おかあさん
いつもおそうじしてくれて
ありがとう

おかあさん
これまでそだててくれて
ありがとう

おかあさんのこどもで
よかった

Happy Mother's day

収録フォルダ	teak /			teak 作
フォント名	**Teak_minami_04**			
フォント情報	なし			
フォント種別	OpenType（Win / Mac）	商用利用	可能	
収録文字数	漢字 137 文字			

あいうえお　　や　ゆ　よ　　アイウエオ　　ヤ　ユ　ヨ
かきくけこ　　らりるれろ　　カキクケコ　　ラリルレロ
さしすせそ　　わゐ　ゑを　　サシスセソ　　ワヰ　ヱヲ
たちつてと　　ん　　　　　　タチツテト　　ン
なにぬねの　　がぎぐげご　　ナニヌネノ　　ガギグゲゴ
はひふへほ　　ぱぴぷぺぽ　　ハヒフヘホ　　パピプペポ
まみむめも　　ゃゅょ　　　　マミムメモ　　ャュョ

ABCDEFGHIJKLMNOPQRSTUVWXYZ
abcdefghijklmnopqrstuvwxyz
1234567890
!"#$%&'()=-~^|\{}[]`@;:+*<>,./?

16Q 組見本

わがはいはねこである。な前はまだない。どこで生れたかとんと見とうがつかぬ。なんでもうすぐらいじめじめしたところでニャーニャーないていた事だけはきおくしている。わがはいはここではじめて人間というものを見た。しかもあとできくとそれはしょ生という人間中で一ばんどうあくなしゅぞくであったそうだ。
＜なつ目そうせき「わがはいはねこである」より＞
学校東北京会社国桜様合同和山川市年度場壊夢実家

13Q 組見本

わがはいはねこである。な前はまだない。どこで生れたかとんと見とうがつかぬ。なんでもうすぐらいじめじめしたところでニャーニャーないていた事だけはきおくしている。わがはいはここではじめて人間というものを見た。しかもあとできくとそれはしょ生という人間中で一ばんどうあくなしゅぞくであったそうだ。
＜なつ目そうせき「わがはいはねこである」より＞
学校東北京会社国桜様合同和山川市年度場壊夢実家

むかし、むかし、あるところに、おじいさんとおばあさんがありました。まい日、おじいさんは山へしばかりに、おばあさんは川へせんたくに行きました。
　ある日、おばあさんが、川のそばで、せっせとせんたくをしていますと、川上から、大きなももが一つ、
「ドンブラコッコ、スッコッコ。
ドンブラコッコ、スッコッコ。」
と流れて来ました。
「おやおや、これはみごとなももだこと。おじいさんへのおみやげに、どれどれ、うちへもってかえりましょう。」
　おばあさんは、そう言いながら、こしをかがめてももをとろうとしましたが、とおくて手がとどきません。おばあさんはそこで、
「あっちの水は、かあらいぞ。
こっちの水は、あまいぞ。
かあらい水は、よけて来い。
あまい水に、よって来い。」
とうたいながら、手をたたきました。するとももはまた、
「ドンブラコッコ、スッコッコ。
ドンブラコッコ、スッコッコ。」
と言いながら、おばあさんの前へ流れて来ました。おばあさんはにこにこしながら、
「はやくおじいさんと二人で分けてたべましょう。」
と言って、ももをひろい上げて、せんたく物といっしょにたらいの中に入れて、えっちら、おっちら、かかえておうちへかえりました。
ゆうがたになってやっと、おじいさんは山からしばをせおってかえって来ました。
「おばあさん、今かえったよ。」
「おや、おじいさん、おかいんなさい。まっていましたよ。さあ、はやくお上がんなさい。いい物をあげますから。」
「それはありがたいな。なんだね、そのいい物というのは。」

165

収録フォルダ	teak ／
フォント名	**Teak_minami_03**
フォント情報	なし
フォント種別	OpenType（Win / Mac）
商用利用	可能
収録文字数	漢字 137 文字

teak 作

あいうえお　　や　ゆ　よ　　アイウエオ　　ヤ　ユ　ヨ
かきくけこ　　らりるれろ　　カキクケコ　　ラリルレロ
さしすせそ　　わゐ　ゑを　　サシスセソ　　ワヰ　ヱヲ
たちつてと　　ん　　　　　　タチツテト　　ン
なにぬねの　　がぎぐげご　　ナニヌネノ　　ガギグゲゴ
はひふへほ　　ぱぴぷぺぽ　　ハヒフヘホ　　パピプペポ
まみむめも　　ゃゅょ　　　　マミムメモ　　ャュョ

ABCDEFGHIJKLMNOPQRSTUVWXYZ
abcdefghijklmnopqrstuvwxyz
1234567890
！"＃＄％＆'（）＝－～^｜＼｛｝［］`＠；：＋★＜＞,．／？

16Q 組見本

わがはいはねこである。な前はまだない。どこで生れたかとんと見とうがつかぬ。なんでもうすぐらいじめじめしたところでニャーニャーないていた事だけはきおくしている。わがはいはここではじめて人げんというものを見た。しかもあとできくとそれはしょ生という人げん中で一ばんどうあくなしゅどくであったそうだ。
＜なつ目そうせき「わがはいはねこである」より＞
学校東北京会社国桜様合同和山川市年度場壊夢実家

13Q 組見本

わがはいはねこである。な前はまだない。どこで生れたかとんと見とうがつかぬ。なんでもうすぐらいじめじめしたところでニャーニャーないていた事だけはきおくしている。わがはいはここではじめて人げんというものを見た。しかもあとできくとそれはしょ生という人げん中で一ばんどうあくなしゅどくであったそうだ。
＜なつ目そうせき「わがはいはねこである」より＞
学校東北京会社国桜様合同和山川市年度場壊夢実家

creamy Strawberry Crepes

3/4 cup
all-purpose
flour
1/2 teaspoon
vanilla
extract

4 tablespoons
butter, melted
1/3 teaspoon salt
sliced
berries

メニュー

【Chocolate】
チョコ・・・・・・330 円
チョコ & バナナ・・・・・380 円
チョコ & クッキー・・・・・380 円
チョコ & カスタード・・・・・380 円
チョコ & いちご・・・・・480 円

【Strawberry】
ストロベリー・・・・・・330 円
ストロベリー & バナナ・・・・・380 円
ストロベリー & カスタード・・・・・380 円
ストロベリー & いちご・・・・・430 円

【Caramel】
キャラメル・・・・・330 円
キャラメル & バナナ・・・・・380 円
キャラメル & チョコ・・・・・380 円
キャラメル & アーモンド・・・・・380 円

【Topping】
ホイップ・・・+50 円
アイス・・・・・・+100 円
チョコ、バナナ、ストロベリー、etc.・・・・・・+50 円

1/2 cup water
1/2 cup milk

ps sifted
ioners' sugar
heavy cream,
nce)
e
cheese,
d

4 eggs

1 teaspoon
lemon zest

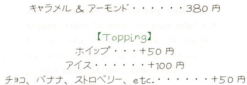

収録フォルダ	teak /			teak 作
フォント名	**Teak_maker**			
フォント情報	なし			
フォント種別	OpenType（Win / Mac）	商用利用	可能	
収録文字数	漢字 137 文字			

```
あいうえお    や ゆ よ      アイウエオ    ヤ ユ ヨ
かきくけこ    らりるれろ    カキクケコ    ラリルレロ
さしすせそ    わゐ ゑを     サシスセソ    ワヰ ヱヲ
たちつてと    ん            タチツテト    ン
なにぬねの    がぎぐげご    ナニヌネノ    がぎぐげご
はひふへほ    ぱぴぷぺぽ    ハヒフヘホ    ぱぴぷぺぽ
まみむめも    ゃゅょ        マミムメモ    ャュョ
```

```
ABCDEFGHIJKLMNOPQRSTUVWXYZ
abcdefghijklmnopqrstuvwxyz
1234567890
!  #$%&  ()=-~^|\{}[]`@;:+*<>,./?
```

16Q 組見本

わがはいはねこである。な前はまだない。どこで生れたかとんと見とうがつかぬ。なんでもうすぐらいじめじめしたところでニャーニャーないていた事だけはきおくしている。わがはいはここではじめて人間というものを見た。しかもあとできくとそれはしょ生という人間中でーばんどうあくなしゅぞくであったそうだ。
＜なつ目そうせき「わがはいはねこである」より＞
学校東北京会社国桜様合同和山川市年度場壊夢実家

13Q 組見本

わがはいはねこである。な前はまだない。どこで生れたかとんと見とうがつかぬ。なんでもうすぐらいじめじめしたところでニャーニャーないていた事だけはきおくしている。わがはいはここではじめて人間というものを見た。しかもあとできくとそれはしょ生という人間中でーばんどうあくなしゅぞくであったそうだ。
＜なつ目そうせき「わがはいはねこである」より＞
学校東北京会社国桜様合同和山川市年度場壊夢実家

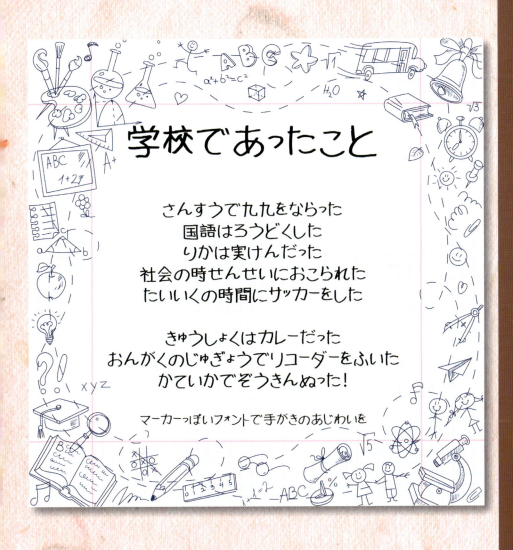

収録フォルダ	teak／			teak 作
フォント名	**teak_pastel_pilot**			
フォント情報	なし			
フォント種別	OpenType（Win / Mac）	商用利用	可能	
収録文字数	漢字 137 文字			

あいうえお　やゆよ　　アイウエオ　ヤユヨ
かきくけこ　らりるれろ　カキクケコ　ラリルレロ
さしすせそ　ゐゑを　　　サシスセソ　ヰヱヲ
たちつてと　ん　　　　　タチツテト　ン
なにぬねの　がぎぐげご　ナニヌネノ　がぎぐげご
はひふへほ　ぱぴぷぺぽ　ハヒフヘホ　ぱぴぷぺぽ
まみむめも　ゃゅょ　　　マミムメモ　ャユヨ

ABCDEFGHIJKLMNOPQRSTUVWXYZ
abcdefghijklmnopqrstuvwxyz
1234567890
!　#$%&　()=-~^|　{}[]`@;:+*<>,./?

16Q 組見本

わがはいはねこである。な前はまだない。どこで生れたかとんと見とうがフかぬ。なんでもうすぐらいじめじめしたところでニャーニャーないていた事だけはきおくしている。わがはいはここではじめて人間というものを見た。しかもあとできくとそれはしょ生という人間中で一ばんどうあくなしゅぞくであったそうだ。
＜なフ目そうせき「わがはいはねこである」より＞
学校東北京会社国桜様合同和山川市年度場壊夢実家

13Q 組見本

わがはいはねこである。な前はまだない。どこで生れたかとんと見とうがフかぬ。なんでもうすぐらいじめじめしたところでニャーニャーないていた事だけはきおくしている。わがはいはここではじめて人間というものを見た。しかもあとできくとそれはしょ生という人間中で一ばんどうあくなしゅぞくであったそうだ。
＜なフ目そうせき「わがはいはねこである」より＞
学校東北京会社国桜様合同和山川市年度場壊夢実家

常用漢字一覧

字	異体	音訓
亜	亞	ア
哀		アイ、あわ-れ、あわ-れむ
挨		アイ
愛		アイ
曖		アイ
悪	惡	アク、オ、わる-い
握		アク、にぎ-る
圧	壓	アツ
扱		あつか-う
宛		あ-てる
嵐		あらし
安		アン、やす-い
案		アン
暗		アン、くら-い
以		イ
衣		イ、ころも
位		イ、くらい
囲	圍	イ、かこ-む、かこ-う
医	醫	イ
依		イ、(エ)
委		イ、ゆだ-ねる
威		イ
為	爲	イ
畏		イ、おそ-れる
胃		イ
尉		イ
異		イ、こと
移		イ、うつ-る、うつ-す
萎		イ、な-える
偉		イ、えら-い
椅		イ
彙		イ
意		イ
違		イ、ちが-う、ちが-える
維		イ
慰		イ、なぐさ-める、なぐさ-む
遺		イ、(ユイ)
緯		イ
域		イキ
育		イク、そだ-つ、そだ-てる、はぐく-む
一		イチ、イツ、ひと、ひと-つ
壱	壹	イチ
逸	逸	イツ
茨		いばら
芋		いも

字	異体	音訓
引		イン、ひ-く、ひ-ける
印		イン、しるし
因		イン、よ-る
咽		イン
姻		イン
員		イン
院		イン
淫		イン、みだ-ら
陰		イン、かげ、かげ-る
飲	飮	イン、の-む
隠	隱	イン、かく-す、かく-れる
韻		イン
右		ウ、ユウ、みぎ
宇		ウ
羽	羽	ウ、は、はね
雨		ウ、あめ、(あま)
唄		(うた)
鬱		ウツ
畝		うね
浦		うら
運		ウン、はこ-ぶ
雲		ウン、くも
永		エイ、なが-い
泳		エイ、およ-ぐ
英		エイ
映		エイ、うつ-る、うつ-す、は-える
栄	榮	エイ、さか-える、は-え、は-える
営	營	エイ、いとな-む
詠		エイ、よ-む
影		エイ、かげ
鋭	銳	エイ、するど-い
衛	衞	エイ
易		エキ、イ、やさ-しい
疫		エキ、(ヤク)
益	益	エキ、(ヤク)
液		エキ
駅	驛	エキ
悦	悦	エツ
越		エツ、こ-す、こ-える
謁	謁	エツ
閲	閲	エツ
円	圓	エン、まる-い
延		エン、の-びる、の-べる、の-ばす
沿		エン、そ-う
炎		エン、ほのお
怨		エン、オン
宴		エン

字	異体	音訓
媛		エン
援		エン
園		エン、その
煙		エン、けむ-る、けむり、けむ-い
猿		エン、さる
遠		エン、(オン)、とお-い
鉛		エン、なまり
塩	鹽	エン、しお
演		エン
縁	緣	エン、ふち
艶	艷	エン、つや
汚		オ、けが-す、けが-れる、けが-らわしい、よご-す、よご-れる、きたな-い
王		オウ
凹		オウ
央		オウ
応	應	オウ、こた-える
往		オウ
押		オウ、お-す、お-さえる
旺		オウ
欧	歐	オウ
殴	毆	オウ、なぐ-る
桜	櫻	オウ、さくら
翁		オウ
奥	奧	オウ、おく
横	橫	オウ、よこ
岡		おか
屋		オク、や
億		オク
憶		オク
臆		オク
虞		おそれ
乙		オツ
俺		おれ
卸		おろ-す、おろし
音		オン、イン、おと、ね
恩		オン
温	溫	オン、あたた-か、あたた-かい、あたた-まる、あたた-める
穏	穩	オン、おだ-やか
下		カ、ゲ、した、しも、もと、さ-げる、さ-がる、くだ-る、くだ-す、くだ-さる、お-ろす、お-りる
化		カ、ケ、ば-ける、ば-かす
火		カ、ひ、(ほ)
加		カ、くわ-える、くわ-わる
可		カ
仮	假	カ、(ケ)、かり

172

字	異体	音訓
何		カ、なに、(なん)
花		カ、はな
佳		カ
価	價	カ、あたい
果		カ、は-たす、は-てる、は-て
河		カ、かわ
苛		カ
科		カ
架		カ、か-ける、か-かる
夏		カ、(ゲ)、なつ
家		カ、ケ、いえ、や
荷		カ、に
華		カ、(ケ)、はな
菓		カ
貨		カ
渦		カ、うず
過		カ、す-ぎる、す-ごす、あやま-つ、あやま-ち
嫁		カ、よめ、とつ-ぐ
暇		カ、ひま
禍	禍	カ
靴		カ、くつ
寡		カ
歌		カ、うた、うた-う
箇		カ
稼		カ、かせ-ぐ
課		カ
蚊		か
牙		ガ、(ゲ)、きば
瓦		ガ、かわら
我		ガ、われ、わ
画	畫	ガ、カク
芽		ガ、め
賀		ガ
雅		ガ
餓		ガ
介		カイ
回		カイ、(エ)、まわ-る、まわ-す
灰		カイ、はい
会	會	カイ、エ、あ-う
快		カイ、こころよ-い
戒		カイ、いまし-める
改		カイ、あらた-める、あらた-まる
怪		カイ、あや-しい、あや-しむ
拐		カイ
悔	悔	カイ、く-いる、く-やむ、くや-しい
海	海	カイ、うみ

字	異体	音訓
界		カイ
皆		カイ、みな
械		カイ
絵	繪	カイ、エ
開		カイ、ひら-く、ひら-ける、あ-く、あ-ける
階		カイ
塊		カイ、かたまり
楷		カイ
解		カイ、ゲ、と-く、と-かす、と-ける
潰		カイ、つぶ-す、つぶ-れる
壊	壞	カイ、こわ-す、こわ-れる
懐	懷	カイ、ふところ、なつ-かしい、なつ-かしむ、なつ-く、なつ-ける
諧		カイ
貝		かい
外		ガイ、ゲ、そと、ほか、はず-す、はず-れる
劾		ガイ
害		ガイ
崖		ガイ、がけ
涯		ガイ
街		ガイ、(カイ)、まち
慨	慨	ガイ
蓋		ガイ、ふた
該		ガイ
概	概	ガイ
骸		ガイ
垣		かき
柿		かき
各		カク、おのおの
角		カク、かど、つの
拡	擴	カク
革		カク、かわ
格		カク、(コウ)
核		カク
殻	殼	カク、から
郭		カク
覚	覺	カク、おぼ-える、さ-ます、さ-める
較		カク
隔		カク、へだ-てる、へだ-たる
閣		カク
確		カク、たし-か、たし-かめる
獲		カク、え-る
嚇		カク
穫		カク
学	學	ガク、まな-ぶ

字	異体	音訓
岳	嶽	ガク、たけ
楽	樂	ガク、ラク、たの-しい、たの-しむ
額		ガク、ひたい
顎		ガク、あご
掛		か-ける、か-かる、かかり
潟		かた
括		カツ
活		カツ
喝	喝	カツ
渇	渴	カツ、かわ-く
割		カツ、わ-る、わり、わ-れる、さ-く
葛		カツ、くず
滑		カツ、コツ、すべ-る、なめ-らか
褐	褐	カツ
轄		カツ
且		か-つ
株		かぶ
釜		かま
鎌		かま
刈		か-る
干		カン、ほ-す、ひ-る
刊		カン
甘		カン、あま-い、あま-える、あま-やかす
汗		カン、あせ
缶	罐	カン
完		カン
肝		カン、きも
官		カン
冠		カン、かんむり
巻	卷	カン、ま-く、まき
看		カン
陥	陷	カン、おちい-る、おとしい-れる
乾		カン、かわ-く、かわ-かす
勘		カン
患		カン、わずら-う
貫		カン、つらぬ-く
寒		カン、さむ-い
喚		カン
堪		カン、た-える
換		カン、か-える、か-わる
敢		カン
棺		カン
款		カン
間		カン、ケン、あいだ、ま
閑		カン
勧	勸	カン、すす-める

173

常用漢字一覧

字	異体	音訓
寛	寬	カン
幹		カン、みき
感		カン
漢		カン
慣		カン、な-れる、な-らす
管		カン、くだ
関	關	カン、せき、かか-わる
歓	歡	カン
監		カン
緩		カン、ゆる-い、ゆる-やか、ゆる-む、ゆる-める
憾		カン
還		カン
館		カン、やかた
環		カン
簡		カン
観	觀	カン
韓		カン
艦		カン
鑑		カン、かんが-みる
丸		ガン、まる、まる-い、まる-める
含		ガン、ふく-む、ふく-める
岸		ガン、きし
岩		ガン、いわ
玩		ガン
眼		ガン、(ゲン)、まなこ
頑		ガン
顔		ガン、かお
願		ガン、ねが-う
企		キ、くわだ-てる
伎		キ
危		キ、あぶ-ない、あや-うい、あや-ぶむ
机		キ、つくえ
気	氣	キ、ケ
岐		キ
希		キ
忌		キ、い-む、い-まわしい
汽		キ
奇		キ
祈	祈	キ、いの-る
季		キ
紀		キ
軌		キ
既	既	キ、すで-に
記		キ、しる-す
起		キ、お-きる、お-こる、お-こす
飢		キ、う-える

字	異体	音訓
鬼		キ、おに
帰	歸	キ、かえ-る、かえ-す
基		キ、もと、もとい
寄		キ、よ-る、よ-せる
規		キ
亀	龜	キ、かめ
喜		キ、よろこ-ぶ
幾		キ、いく
揮		キ
期		キ、(ゴ)
棋		キ
貴		キ、たっと-い、とうと-い、たっと-ぶ、とうと-ぶ
棄		キ
毀		キ
旗		キ、はた
器	器	キ、うつわ
畿		キ
輝		キ、かがや-く
機		キ、はた
騎		キ
技		ギ、わざ
宜		ギ
偽	僞	ギ、いつわ-る、にせ
欺		ギ、あざむ-く
義		ギ
疑		ギ、うたが-う
儀		ギ
戯	戲	ギ、たわむ-れる
擬		ギ
犠	犧	ギ
議		ギ
菊		キク
吉		キチ、キツ
喫		キツ
詰		キツ、つ-める、つ-まる、つ-む
却		キャク
客		キャク、カク
脚		キャク、(キャ)、あし
逆		ギャク、さか、さか-らう
虐		ギャク、しいた-げる
九		キュウ、ク、ここの、ここの-つ
久		キュウ、(ク)、ひさ-しい
及		キュウ、およ-ぶ、およ-び、およ-ぼす
弓		キュウ、ゆみ
丘		キュウ、おか
旧	舊	キュウ

字	異体	音訓
休		キュウ、やす-む、やす-まる、やす-める
吸		キュウ、す-う
朽		キュウ、く-ちる
臼		キュウ、うす
求		キュウ、もと-める
究		キュウ、きわ-める
泣		キュウ、な-く
急		キュウ、いそ-ぐ
級		キュウ
糾		キュウ
宮		キュウ、グウ、(ク)、みや
救		キュウ、すく-う
球		キュウ、たま
給		キュウ
嗅		キュウ、か-ぐ
窮		キュウ、きわ-める、きわ-まる
牛		ギュウ、うし
去		キョ、コ、さ-る
巨		キョ
居		キョ、い-る
拒		キョ、こば-む
拠	據	キョ、コ
挙	擧	キョ、あ-げる、あ-がる
虚	虛	キョ、(コ)
許		キョ、ゆる-す
距		キョ
魚		ギョ、うお、さかな
御		ギョ、ゴ、おん
漁		ギョ、リョウ
凶		キョウ
共		キョウ、とも
叫		キョウ、さけ-ぶ
狂		キョウ、くる-う、くる-おしい
京		キョウ、ケイ
享		キョウ
供		キョウ、(ク)、そな-える、とも
協		キョウ
況		キョウ
峡	峽	キョウ
挟	挾	キョウ、はさ-む、はさ-まる
狭	狹	キョウ、せま-い、せば-める、せば-まる
恐		キョウ、おそ-れる、おそ-ろしい
恭		キョウ、うやうや-しい
胸		キョウ、むね、(むな)

字	異体	音訓
脅		キョウ、おびや-かす、おど-す、おど-かす
強		キョウ、ゴウ、つよ-い、つよ-まる、つよ-める、し-いる
教		キョウ、おし-える、おそ-わる
郷	鄉	キョウ、ゴウ
境		キョウ、(ケイ)、さかい
橋		キョウ、はし
矯		キョウ、た-める
鏡		キョウ、かがみ
競		キョウ、ケイ、きそ-う、せ-る
響	響	キョウ、ひび-く
驚		キョウ、おどろ-く、おどろ-かす
仰		ギョウ、(コウ)、あお-ぐ、おお-せ
暁	曉	ギョウ、あかつき
業		ギョウ、ゴウ、わざ
凝		ギョウ、こ-る、こ-らす
曲		キョク、ま-がる、ま-げる
局		キョク
極		キョク、ゴク、きわ-める、きわ-まる、きわ-み
玉		ギョク、たま
巾		キン
斤		キン
均		キン
近		キン、ちか-い
金		キン、コン、かね、(かな)
菌		キン
勤	勤	キン、(ゴン)、つと-める、つと-まる
琴		キン、こと
筋		キン、すじ
僅		キン、わず-か
禁		キン
緊		キン
錦		キン、にしき
謹	謹	キン、つつし-む
襟		キン、えり
吟		ギン
銀		ギン
区	區	ク
句		ク
苦		ク、くる-しい、くる-しむ、くる-しめる、にが-い、にが-る
駆	驅	ク、か-ける、か-る
具		グ
惧		グ

字	異体	音訓
愚		グ、おろ-か
空		クウ、そら、あ-く、あ-ける、から
偶		グウ
遇		グウ
隅		グウ、すみ
串		くし
屈		クツ
掘		クツ、ほ-る
窟		クツ
熊		くま
繰		く-る
君		クン、きみ
訓		クン
勲	勳	クン
薫	薰	クン、かお-る
軍		グン
郡		グン
群		グン、む-れる、む-れ、(むら)
兄		ケイ、(キョウ)、あに
刑		ケイ
形		ケイ、ギョウ、かた、かたち
系		ケイ
径	徑	ケイ
茎	莖	ケイ、くき
係		ケイ、かか-る、かかり
型		ケイ、かた
契		ケイ、ちぎ-る
計		ケイ、はか-る、はか-らう
恵	惠	ケイ、エ、めぐ-む
啓		ケイ
掲	揭	ケイ、かか-げる
渓	溪	ケイ
経	經	ケイ、キョウ、へ-る
蛍	螢	ケイ、ほたる
敬		ケイ、うやま-う
景		ケイ
軽	輕	ケイ、かる-い、かろ-やか
傾		ケイ、かたむ-く、かたむ-ける
携		ケイ、たずさ-える、たずさ-わる
継	繼	ケイ、つ-ぐ
詣		ケイ、もう-でる
慶		ケイ
憬		ケイ
稽		ケイ
憩		ケイ、いこ-い、いこ-う
警		ケイ

字	異体	音訓
鶏	鷄	ケイ、にわとり
芸	藝	ゲイ
迎		ゲイ、むか-える
鯨		ゲイ、くじら
隙		ゲキ、すき
劇		ゲキ
撃	擊	ゲキ、う-つ
激		ゲキ、はげ-しい
桁		けた
欠	缺	ケツ、か-ける、か-く
穴		ケツ、あな
血		ケツ、ち
決		ケツ、き-める、き-まる
結		ケツ、むす-ぶ、ゆ-う、ゆ-わえる
傑		ケツ
潔		ケツ、いさぎよ-い
月		ゲツ、ガツ、つき
犬		ケン、いぬ
件		ケン
見		ケン、み-る、み-える、み-せる
券		ケン
肩		ケン、かた
建		ケン、(コン)、た-てる、た-つ
研	研	ケン、と-ぐ
県	縣	ケン
倹	儉	ケン
兼		ケン、か-ねる
剣	劍	ケン、つるぎ
拳		ケン、こぶし
軒		ケン、のき
健		ケン、すこ-やか
険	險	ケン、けわ-しい
圏	圈	ケン
堅		ケン、かた-い
検	檢	ケン
嫌		ケン、(ゲン)、きら-う、いや
献	獻	ケン、(コン)
絹		ケン、きぬ
遣		ケン、つか-う、つか-わす
権	權	ケン、(ゴン)
憲		ケン
賢		ケン、かしこ-い
謙		ケン
鍵		ケン、かぎ
繭		ケン、まゆ
顕	顯	ケン

175

常用漢字一覧

字	異体	音訓
験	驗	ケン、(ゲン)
懸		ケン、(ケ)、か‐ける、か‐かる
元		ゲン、ガン、もと
幻		ゲン、まぼろし
玄		ゲン
言		ゲン、ゴン、い‐う、こと
弦		ゲン、つる
限		ゲン、かぎ‐る
原		ゲン、はら
現		ゲン、あらわ‐れる、あらわ‐す
舷		ゲン
減		ゲン、へ‐る、へ‐らす
源		ゲン、みなもと
厳	嚴	ゲン、(ゴン)、おごそ‐か、きび‐しい
己		コ、キ、おのれ
戸		コ、と
古		コ、ふる‐い、ふる‐す
呼		コ、よ‐ぶ
固		コ、かた‐める、かた‐まる、かた‐い
股		コ、また
虎		コ、とら
孤		コ
弧		コ
故		コ、ゆえ
枯		コ、か‐れる、か‐らす
個		コ
庫		コ、(ク)
湖		コ、みずうみ
雇		コ、やと‐う
誇		コ、ほこ‐る
鼓		コ、つづみ
錮		コ
顧		コ、かえり‐みる
五		ゴ、いつ、いつ‐つ
互		ゴ、たが‐い
午		ゴ
呉		ゴ
後		ゴ、コウ、のち、うし‐ろ、あと、おく‐れる
娯		ゴ
悟		ゴ、さと‐る
碁		ゴ
語		ゴ、かた‐る、かた‐らう
誤		ゴ、あやま‐る
護		ゴ
口		コウ、ク、くち
工		コウ、ク

字	異体	音訓
公		コウ、おおやけ
勾		コウ
孔		コウ
功		コウ、(ク)
巧		コウ、たく‐み
広	廣	コウ、ひろ‐い、ひろ‐まる、ひろ‐める、ひろ‐がる、ひろ‐げる
甲		コウ、カン
交		コウ、まじ‐わる、まじ‐える、ま‐じる、ま‐ざる、ま‐ぜる、か‐う、か‐わす
光		コウ、ひか‐る、ひかり
向		コウ、む‐く、む‐ける、む‐かう、む‐こう
后		コウ
好		コウ、この‐む、す‐く
江		コウ、え
考		コウ、かんが‐える
行		コウ、ギョウ、(アン)、い‐く、ゆ‐く、おこな‐う
坑		コウ
孝		コウ
抗		コウ
攻		コウ、せ‐める
更		コウ、さら、ふ‐ける、ふ‐かす
効	效	コウ、き‐く
幸		コウ、さいわ‐い、さち、しあわ‐せ
拘		コウ
肯		コウ
侯		コウ
厚		コウ、あつ‐い
恒	恆	コウ
洪		コウ
皇		コウ、オウ
紅		コウ、(ク)、べに、くれない
荒		コウ、あら‐い、あ‐れる、あ‐らす
郊		コウ
香		コウ、(キョウ)、か、かお‐り、かお‐る
候		コウ、そうろう
校		コウ
耕		コウ、たがや‐す
航		コウ
貢		コウ、(ク)、みつ‐ぐ
降		コウ、お‐りる、お‐ろす、ふ‐る
高		コウ、たか‐い、たか、たか‐まる、たか‐める
康		コウ

字	異体	音訓
控		コウ、ひか‐える
梗		コウ
黄	黃	コウ、オウ、き、(こ)
喉		コウ、のど
慌		コウ、あわ‐てる、あわ‐ただしい
港		コウ、みなと
硬		コウ、かた‐い
絞		コウ、しぼ‐る、し‐める、し‐まる
項		コウ
溝		コウ、みぞ
鉱	鑛	コウ
構		コウ、かま‐える、かま‐う
綱		コウ、つな
酵		コウ
稿		コウ
興		コウ、キョウ、おこ‐る、おこ‐す
衡		コウ
鋼		コウ、はがね
講		コウ
購		コウ
乞		こ‐う
号	號	ゴウ
合		ゴウ、ガッ、(カッ)、あ‐う、あ‐わす、あ‐わせる
拷		ゴウ
剛		ゴウ
傲		ゴウ
豪		ゴウ
克		コク
告		コク、つ‐げる
谷		コク、たに
刻		コク、きざ‐む
国	國	コク、くに
黒	黑	コク、くろ、くろ‐い
穀	穀	コク
酷		コク
獄		ゴク
骨		コツ、ほね
駒		こま
込		こ‐む、こ‐める
頃		ころ
今		コン、キン、いま
困		コン、こま‐る
昆		コン
恨		コン、うら‐む、うら‐めしい
根		コン、ね
婚		コン

字	異体	音訓
混		コン、ま-じる、ま-ざる、ま-ぜる、こ-む
痕		コン、あと
紺		コン
魂		コン、たましい
墾		コン
懇		コン、ねんご-ろ
左		サ、ひだり
佐		サ
沙		サ
査		サ
砂		サ、シャ、すな
唆		サ、そそのか-す
差		サ、さ-す
詐		サ
鎖		サ、くさり
座		ザ、すわ-る
挫		ザ
才		サイ
再		サイ、(サ)、ふたた-び
災		サイ、わざわ-い
妻		サイ、つま
采		サイ
砕	碎	サイ、くだ-く、くだ-ける
宰		サイ
栽		サイ
彩		サイ、いろど-る
採		サイ、と-る
済	濟	サイ、す-む、す-ます
祭		サイ、まつ-る、まつ-り
斎	齋	サイ
細		サイ、ほそ-い、ほそ-る、こま-か、こま-かい
菜		サイ、な
最		サイ、もっと-も
裁		サイ、た-つ、さば-く
債		サイ
催		サイ、もよお-す
塞		サイ、ソク、ふさ-ぐ、ふさ-がる
歳	歲	サイ、(セイ)
載		サイ、の-せる、の-る
際		サイ、きわ
埼		さい
在		ザイ、あ-る
材		ザイ
剤	劑	ザイ
財		ザイ、(サイ)
罪		ザイ、つみ
崎		さき

字	異体	音訓
作		サク、サ、つく-る
削		サク、けず-る
昨		サク
柵		サク
索		サク
策		サク
酢		サク、す
搾		サク、しぼ-る
錯		サク
咲		さ-く
冊	册	サツ、サク
札		サツ、ふだ
刷		サツ、す-る
刹		サツ、セツ
拶		サツ
殺	殺	サツ、(サイ)、(セツ)、ころ-す
察		サツ
撮		サツ、と-る
擦		サツ、す-る、す-れる
雑	雜	ザツ、ゾウ
皿		さら
三		サン、み、み-つ、みっ-つ
山		サン、やま
参	參	サン、まい-る
桟	棧	サン
蚕	蠶	サン、かいこ
惨	慘	サン、ザン、みじ-め
産		サン、う-む、う-まれる、うぶ
傘		サン、かさ
散		サン、ち-る、ち-らす、ち-らかす、ち-らかる
算		サン
酸		サン、す-い
賛	贊	サン
残	殘	ザン、のこ-る、のこ-す
斬		ザン、き-る
暫		ザン
士		シ
子		シ、ス、こ
支		シ、ささ-える
止		シ、と-まる、と-める
氏		シ、うじ
仕		シ、(ジ)、つか-える
史		シ
司		シ
四		シ、よ、よ-つ、よっ-つ、よん
市		シ、いち

字	異体	音訓
矢		シ、や
旨		シ、むね
死		シ、し-ぬ
糸	絲	シ、いと
至		シ、いた-る
伺		シ、うかが-う
志		シ、こころざ-す、こころざし
私		シ、わたくし、わたし
使		シ、つか-う
刺		シ、さ-す、さ-さる
始		シ、はじ-める、はじ-まる
姉		シ、あね
枝		シ、えだ
祉	祉	シ
肢		シ
姿		シ、すがた
思		シ、おも-う
指		シ、ゆび、さ-す
施		シ、セ、ほどこ-す
師		シ
恣		シ
紙		シ、かみ
脂		シ、あぶら
視	視	シ
紫		シ、むらさき
詞		シ
歯	齒	シ、は
嗣		シ
試		シ、こころ-みる、ため-す
詩		シ
資		シ
飼	飼	シ、か-う
誌		シ
雌		シ、め、めす
摯		シ
賜		シ、たまわ-る
諮		シ、はか-る
示		ジ、シ、しめ-す
字		ジ、あざ
寺		ジ、てら
次		ジ、シ、つ-ぐ、つぎ
耳		ジ、みみ
自		ジ、シ、みずか-ら
似		ジ、に-る
児	兒	ジ、(ニ)
事		ジ、(ズ)、こと
侍		ジ、さむらい

177

常用漢字一覧

字	異体	音訓
治		ジ、チ、おさ‐める、おさ‐まる、なお‐る、なお‐す
持		ジ、も‐つ
時		ジ、とき
滋		ジ
慈		ジ、いつく‐しむ
辞	辭	ジ、や‐める
磁		ジ
餌	餌	ジ、えさ、え
璽		ジ
鹿		しか、(か)
式		シキ
識		シキ
軸		ジク
七		シチ、なな、なな‐つ、(なの)
叱		シツ、しか‐る
失		シツ、うしな‐う
室		シツ、むろ
疾		シツ
執		シツ、シュウ、と‐る
湿	濕	シツ、しめ‐る、しめ‐す
嫉		シツ
漆		シツ、うるし
質		シツ、シチ、(チ)
実	實	ジツ、み、みの‐る
芝		しば
写	寫	シャ、うつ‐す、うつ‐る
社	社	シャ、やしろ
車		シャ、くるま
舎		シャ
者	者	シャ、もの
射		シャ、い‐る
捨		シャ、す‐てる
赦		シャ
斜		シャ、なな‐め
煮	煮	シャ、に‐る、に‐える、に‐やす
遮		シャ、さえぎ‐る
謝		シャ、あやま‐る
邪		ジャ
蛇		ジャ、ダ、へび
尺		シャク
借		シャク、か‐りる
酌		シャク、く‐む
釈	釋	シャク
爵		シャク
若		ジャク、(ニャク)、わか‐い、も‐しくは
弱		ジャク、よわ‐い、よわ‐る、よわ‐まる、よわ‐める

字	異体	音訓
寂		ジャク、(セキ)、さび、さび‐しい、さび‐れる
手		シュ、て、(た)
主		シュ、(ス)、ぬし、おも
守		シュ、(ス)、まも‐る、も‐り
朱		シュ
取		シュ、と‐る
狩		シュ、か‐る、か‐り
首		シュ、くび
殊		シュ、こと
珠		シュ
酒		シュ、さけ、(さか)
腫		シュ、は‐れる、は‐らす
種		シュ、たね
趣		シュ、おもむき
寿	壽	ジュ、ことぶき
受		ジュ、う‐ける、う‐かる
呪		ジュ、のろ‐う
授		ジュ、さず‐ける、さず‐かる
需		ジュ
儒		ジュ
樹		ジュ
収	收	シュウ、おさ‐める、おさ‐まる
囚		シュウ
州		シュウ、す
舟		シュウ、ふね、(ふな)
秀		シュウ、ひい‐でる
周		シュウ、まわ‐り
宗		シュウ、ソウ
拾		シュウ、ジュウ、ひろ‐う
秋		シュウ、あき
臭	臭	シュウ、くさ‐い、にお‐う
修		シュウ、(シュ)、おさ‐める、おさ‐まる
袖		シュウ、そで
終		シュウ、お‐わる、お‐える
羞		シュウ
習		シュウ、なら‐う
週		シュウ
就		シュウ、(ジュ)、つ‐く、つ‐ける
衆		シュウ、(シュ)
集		シュウ、あつ‐まる、あつ‐める、つど‐う
愁		シュウ、うれ‐える、うれ‐い
酬		シュウ
醜		シュウ、みにく‐い
蹴		シュウ、け‐る

字	異体	音訓
襲		シュウ、おそ‐う
十		ジュウ、ジッ、とお、と
汁		ジュウ、しる
充		ジュウ、あ‐てる
住		ジュウ、す‐む、す‐まう
柔		ジュウ、ニュウ、やわ‐らか、やわ‐らかい
重		ジュウ、チョウ、え、おも‐い、かさ‐ねる、かさ‐なる
従	從	ジュウ、(ショウ)、(ジュ)、したが‐う、したが‐える
渋	澁	ジュウ、しぶ、しぶ‐い、しぶ‐る
銃		ジュウ
獣	獸	ジュウ、けもの
縦	縱	ジュウ、たて
叔		シュク
祝	祝	シュク、(シュウ)、いわ‐う
宿		シュク、やど、やど‐る、やど‐す
淑		シュク
粛	肅	シュク
縮		シュク、ちぢ‐む、ちぢ‐まる、ちぢ‐める、ちぢ‐れる、ちぢ‐らす
塾		ジュク
熟		ジュク、う‐れる
出		シュツ、(スイ)、で‐る、だ‐す
述		ジュツ、の‐べる
術		ジュツ
俊		シュン
春		シュン、はる
瞬		シュン、またた‐く
旬		ジュン、(シュン)
巡		ジュン、めぐ‐る
盾		ジュン、たて
准		ジュン
殉		ジュン
純		ジュン
循		ジュン
順		ジュン
準		ジュン
潤		ジュン、うるお‐う、うるお‐す、うる‐む
遵		ジュン
処	處	ショ
初		ショ、はじ‐め、はじ‐めて、はつ、うい、そ‐める
所		ショ、ところ
書		ショ、か‐く
庶		ショ
暑	暑	ショ、あつ‐い

字	異体	音訓
署	署	ショ
緒	緒	ショ、(チョ)、お
諸	諸	ショ
女		ジョ、ニョ、(ニョウ)、おんな、め
如		ジョ、ニョ
助		ジョ、たす-ける、たす-かる、すけ
序		ジョ
叙	敘	ジョ
徐		ジョ
除		ジョ、(ジ)、のぞ-く
小		ショウ、ちい-さい、こ、お
升		ショウ、ます
少		ショウ、すく-ない、すこ-し
召		ショウ、め-す
匠		ショウ
床		ショウ、とこ、ゆか
抄		ショウ
肖		ショウ
尚		ショウ
招		ショウ、まね-く
承		ショウ、うけたまわ-る
昇		ショウ、のぼ-る
松		ショウ、まつ
沼		ショウ、ぬま
昭		ショウ
宵		ショウ、よい
将	將	ショウ
消		ショウ、き-える、け-す
症		ショウ
祥	祥	ショウ
称	稱	ショウ
笑		ショウ、わら-う、え-む
唱		ショウ、とな-える
商		ショウ、あきな-う
渉	涉	ショウ
章		ショウ
紹		ショウ
訟		ショウ
勝		ショウ、か-つ、まさ-る
掌		ショウ
晶		ショウ
焼	燒	ショウ、や-く、や-ける
焦		ショウ、こ-げる、こ-がす、こ-がれる、あせ-る
硝		ショウ
粧		ショウ
詔		ショウ、みことのり

字	異体	音訓
証	證	ショウ
象		ショウ、ゾウ
傷		ショウ、きず、いた-む、いた-める
奨	奬	ショウ
照		ショウ、て-る、て-らす、て-れる
詳		ショウ、くわ-しい
彰		ショウ
障		ショウ、さわ-る
憧		ショウ、あこが-れる
衝		ショウ
賞		ショウ
償		ショウ、つぐな-う
礁		ショウ
鐘		ショウ、かね
上		ジョウ、(ショウ)、うえ、(うわ)、かみ、あ-げる、あ-がる、のぼ-る、のぼ-せる、のぼ-す
丈		ジョウ、たけ
冗		ジョウ
条	條	ジョウ
状	狀	ジョウ
乗	乘	ジョウ、の-る、の-せる
城		ジョウ、しろ
浄	淨	ジョウ
剰	剩	ジョウ
常		ジョウ、つね、とこ
情		ジョウ、(セイ)、なさ-け
場		ジョウ、ば
畳	疊	ジョウ、たた-む、たたみ
蒸		ジョウ、む-す、む-れる、む-らす
縄	繩	ジョウ、なわ
壌	壤	ジョウ
嬢	孃	ジョウ
錠		ジョウ
譲	讓	ジョウ、ゆず-る
醸	釀	ジョウ、かも-す
色		ショク、シキ、いろ
拭		ショク、ふ-く、ぬぐ-う
食		ショク、(ジキ)、く-う、く-らう、た-べる
植		ショク、う-える、う-わる
殖		ショク、ふ-える、ふ-やす
飾		ショク、かざ-る
触	觸	ショク、ふ-れる、さわ-る
嘱	囑	ショク
織		ショク、シキ、お-る
職		ショク

字	異体	音訓
辱		ジョク、はずかし-める
尻		しり
心		シン、こころ
申		シン、もう-す
伸		シン、の-びる、の-ばす、の-べる
臣		シン、ジン
芯		シン
身		シン、み
辛		シン、から-い
侵		シン、おか-す
信		シン
津		シン、つ
神	神	シン、ジン、かみ、(かん)、(こう)
唇		シン、くちびる
娠		シン
振		シン、ふ-る、ふ-るう、ふ-れる
浸		シン、ひた-す、ひた-る
真	眞	シン、ま
針		シン、はり
深		シン、ふか-い、ふか-まる、ふか-める
紳		シン
進		シン、すす-む、すす-める
森		シン、もり
診		シン、み-る
寝	寢	シン、ね-る、ね-かす
慎	愼	シン、つつし-む
新		シン、あたら-しい、あら-た、にい
審		シン
震		シン、ふる-う、ふる-える
薪		シン、たきぎ
親		シン、おや、した-しい、した-しむ
人		ジン、ニン、ひと
刃		ジン、は
仁		ジン、(ニ)
尽	盡	ジン、つ-くす、つ-きる、つ-かす
迅		ジン
甚		ジン、はなは-だ、はなは-だしい
陣		ジン
尋		ジン、たず-ねる
腎		ジン
須		ス
図	圖	ズ、ト、はか-る
水		スイ、みず
吹		スイ、ふ-く

179

常用漢字一覧

字	異体	音訓
垂		スイ、た-れる、た-らす
炊		スイ、た-く
帥		スイ
粋	粹	スイ、いき
衰		スイ、おとろ-える
推		スイ、お-す
酔	醉	スイ、よ-う
遂		スイ、と-げる
睡		スイ
穂	穗	スイ、ほ
随	隨	ズイ
髄	髓	ズイ
枢	樞	スウ
崇		スウ
数	數	スウ、(ス)、かず、かぞ-える
据		す-える、す-わる
杉		すぎ
裾		すそ
寸		スン
瀬	瀨	せ
是		ゼ
井		セイ、(ショウ)、い
世		セイ、セ、よ
正		セイ、ショウ、ただ-しい、ただ-す、まさ
生		セイ、ショウ、い-きる、い-かす、い-ける、う-まれる、う-む、お-う、は-える、は-やす、き、なま
成		セイ、(ジョウ)、な-る、な-す
西		セイ、サイ、にし
声	聲	セイ、(ショウ)、こえ、(こわ)
制		セイ
姓		セイ、ショウ
征		セイ
性		セイ、ショウ
青	靑	セイ、(ショウ)、あお、あお-い
斉	齊	セイ
政		セイ、(ショウ)、まつりごと
星		セイ、(ショウ)、ほし
牲		セイ
省		セイ、ショウ、かえり-みる、はぶ-く
凄		セイ
逝		セイ、ゆ-く、い-く
清	淸	セイ、(ショウ)、きよ-い、きよ-まる、きよ-める
盛		セイ、(ジョウ)、も-る、さか-る、さか-ん

字	異体	音訓
婿		セイ、むこ
晴		セイ、は-れる、は-らす
勢		セイ、いきお-い
聖		セイ
誠		セイ、まこと
精		セイ、(ショウ)
製		セイ
誓		セイ、ちか-う
静	靜	セイ、(ジョウ)、しず、しず-か、しず-まる、しず-める
請		セイ、(シン)、こ-う、う-ける
整		セイ、ととの-える、ととの-う
醒		セイ
税	稅	ゼイ
夕		セキ、ゆう
斥		セキ
石		セキ、(シャク)、(コク)、いし
赤		セキ、(シャク)、あか、あか-い、あか-らむ、あか-らめる
昔		セキ、(シャク)、むかし
析		セキ
席		セキ
脊		セキ
隻		セキ
惜		セキ、お-しい、お-しむ
戚		セキ
責		セキ、せ-める
跡		セキ、あと
積		セキ、つ-む、つ-もる
績		セキ
籍		セキ
切		セツ、(サイ)、き-る、き-れる
折		セツ、お-る、おり、お-れる
拙		セツ、つたな-い
窃	竊	セツ
接		セツ、つ-ぐ
設		セツ、もう-ける
雪		セツ、ゆき
摂	攝	セツ
節	節	セツ、(セチ)、ふし
説		セツ、(ゼイ)、と-く
舌		ゼツ、した
絶		ゼツ、た-える、た-やす、た-つ
千		セン、ち

字	異体	音訓
川		セン、かわ
仙		セン
占		セン、し-める、うらな-う
先		セン、さき
宣		セン
専	專	セン、もっぱ-ら
泉		セン、いずみ
浅	淺	セン、あさ-い
洗		セン、あら-う
染		セン、そ-める、そ-まる、し-みる、し-み
扇		セン、おうぎ
栓		セン
旋		セン
船		セン、ふね、(ふな)
戦	戰	セン、いくさ、たたか-う
煎		セン、い-る
羨		セン、うらや-む、うらや-ましい
腺		セン
詮		セン
践	踐	セン
箋		セン
銭	錢	セン、ぜに
潜	潛	セン、ひそ-む、もぐ-る
線		セン
遷		セン
選		セン、えら-ぶ
薦		セン、すす-める
繊	纖	セン
鮮		セン、あざ-やか
全		ゼン、まった-く、すべ-て
前		ゼン、まえ
善		ゼン、よ-い
然		ゼン、ネン
禅	禪	ゼン
漸		ゼン
膳		ゼン
繕		ゼン、つくろ-う
狙		ソ、ねら-う
阻		ソ、はば-む
祖	祖	ソ
租		ソ
素		ソ、ス
措		ソ
粗		ソ、あら-い
組		ソ、く-む、くみ
疎		ソ、うと-い、うと-む
訴		ソ、うった-える

字	異体	音訓
塑		ソ
遡	遡	ソ、さかのぼ-る
礎		ソ、いしずえ
双	雙	ソウ、ふた
壮	壯	ソウ
早		ソウ、(サッ)、はや-い、はや-まる、はや-める
争	爭	ソウ、あらそ-う
走		ソウ、はし-る
奏		ソウ、かな-でる
相		ソウ、ショウ、あい
荘	莊	ソウ
草		ソウ、くさ
送		ソウ、おく-る
倉		ソウ、くら
捜	搜	ソウ、さが-す
挿	插	ソウ、さ-す
桑		ソウ、くわ
巣	巢	ソウ、す
掃		ソウ、は-く
曹		ソウ
曽	曾	ソウ、(ゾ)
爽		ソウ、さわ-やか
窓		ソウ、まど
創		ソウ、つく-る
喪		ソウ、も
痩	瘦	ソウ、や-せる
葬		ソウ、ほうむ-る
装	裝	ソウ、ショウ、よそお-う
僧	僧	ソウ
想		ソウ、(ソ)
層	層	ソウ
総	總	ソウ
遭		ソウ、あ-う
槽		ソウ
踪		ソウ
操		ソウ、みさお、あやつ-る
燥		ソウ
霜		ソウ、しも
騒	騷	ソウ、さわ-ぐ
藻		ソウ、も
造		ゾウ、つく-る
像		ゾウ
増	增	ゾウ、ま-す、ふ-える、ふ-やす
憎	憎	ゾウ、にく-む、にく-い、にく-らしい、にく-しみ
蔵	藏	ゾウ、くら
贈	贈	ゾウ、(ソウ)、おく-る
臓	臟	ゾウ

字	異体	音訓
即	卽	ソク
束		ソク、たば
足		ソク、あし、た-りる、た-る、た-す
促		ソク、うなが-す
則		ソク
息		ソク、いき
捉		ソク、とら-える
速		ソク、はや-い、はや-める、はや-まる、すみ-やか
側		ソク、がわ
測		ソク、はか-る
俗		ゾク
族		ゾク
属	屬	ゾク
賊		ゾク
続	續	ゾク、つづ-く、つづ-ける
卒		ソツ
率		ソツ、リツ、ひき-いる
存		ソン、ゾン
村		ソン、むら
孫		ソン、まご
尊		ソン、たっと-い、とうと-い、たっと-ぶ、とうと-ぶ
損		ソン、そこ-なう、そこ-ねる
遜	遜	ソン
他		タ、ほか
多		タ、おお-い
汰		タ
打		ダ、う-つ
妥		ダ
唾		ダ、つば
堕	墮	ダ
惰		ダ
駄		ダ
太		タイ、タ、ふと-い、ふと-る
対	對	タイ、ツイ
体	體	タイ、テイ、からだ
耐		タイ、た-える
待		タイ、ま-つ
怠		タイ、おこた-る、なま-ける
胎		タイ
退		タイ、しりぞ-く、しりぞ-ける
帯	帶	タイ、お-びる、おび
泰		タイ
堆		タイ
袋		タイ、ふくろ

字	異体	音訓
逮		タイ
替		タイ、か-える、か-わる
貸		タイ、か-す
隊		タイ
滞	滯	タイ、とどこお-る
態		タイ
戴		タイ
大		ダイ、タイ、おお、おお-きい、おお-いに
代		ダイ、タイ、か-わる、か-える、よ、しろ
台	臺	ダイ、タイ
第		ダイ
題		ダイ
滝	瀧	たき
宅		タク
択	擇	タク
沢	澤	タク、さわ
卓		タク
拓		タク
託		タク
濯		タク
諾		ダク
濁		ダク、にご-る、にご-す
但		ただ-し
達		タツ
脱		ダツ、ぬ-ぐ、ぬ-げる
奪		ダツ、うば-う
棚		たな
誰		だれ
丹		タン
旦		タン、ダン
担	擔	タン、かつ-ぐ、にな-う
単	單	タン
炭		タン、すみ
胆	膽	タン
探		タン、さぐ-る、さが-す
淡		タン、あわ-い
短		タン、みじか-い
嘆	嘆	タン、なげ-く、なげ-かわしい
端		タン、はし、は、はた
綻		タン、ほころ-びる
誕		タン
鍛		タン、きた-える
団	團	ダン、(トン)
男		ダン、ナン、おとこ
段		ダン
断	斷	ダン、た-つ、ことわ-る

181

常用漢字一覧

字	異体	音訓
弾	彈	ダン、ひ-く、はず-む、たま
暖		ダン、あたた-か、あたた-かい、あたた-まる、あたた-める
談		ダン
壇		ダン、(タン)
地		チ、ジ
池		チ、いけ
知		チ、し-る
値		チ、ね、あたい
恥		チ、は-じる、はじ、は-じらう、は-ずかしい
致		チ、いた-す
遅	遲	チ、おく-れる、おく-らす、おそ-い
痴	癡	チ
稚		チ
置		チ、お-く
緻		チ
竹		チク、たけ
畜		チク
逐		チク
蓄		チク、たくわ-える
築		チク、きず-く
秩		チツ
窒		チツ
茶		チャ、サ
着		チャク、(ジャク)、き-る、き-せる、つ-く、つ-ける
嫡		チャク
中		チュウ、(ジュウ)、なか
仲		チュウ、なか
虫	蟲	チュウ、むし
沖		チュウ、おき
宙		チュウ
忠		チュウ
抽		チュウ
注		チュウ、そそ-ぐ
昼	晝	チュウ、ひる
柱		チュウ、はしら
衷		チュウ
酎		チュウ
鋳	鑄	チュウ、い-る
駐		チュウ
著	著	チョ、あらわ-す、いちじる-しい
貯		チョ
丁		チョウ、テイ
弔		チョウ、とむら-う
庁	廳	チョウ

字	異体	音訓
兆		チョウ、きざ-す、きざ-し
町		チョウ、まち
長		チョウ、なが-い
挑		チョウ、いど-む
帳		チョウ
張		チョウ、は-る
彫		チョウ、ほ-る
眺		チョウ、なが-める
釣		チョウ、つ-る
頂		チョウ、いただ-く、いただき
鳥		チョウ、とり
朝		チョウ、あさ
貼		チョウ、は-る
超		チョウ、こ-える、こ-す
腸		チョウ
跳		チョウ、は-ねる、と-ぶ
徴	徵	チョウ
嘲		チョウ、あざけ-る
潮		チョウ、しお
澄		チョウ、す-む、す-ます
調		チョウ、しら-べる、ととの-う、ととの-える
聴	聽	チョウ、き-く
懲	懲	チョウ、こ-りる、こ-らす、こ-らしめる
直		チョク、ジキ、ただ-ちに、なお-す、なお-る
勅	敕	チョク
捗		チョク
沈		チン、しず-む、しず-める
珍		チン、めずら-しい
朕		チン
陳		チン
賃		チン
鎮	鎭	チン、しず-める、しず-まる
追		ツイ、お-う
椎		ツイ
墜		ツイ
通		ツウ、(ツ)、とお-る、とお-す、かよ-う
痛		ツウ、いた-い、いた-む、いた-める
塚	塚	つか
漬		つ-ける、つ-かる
坪		つぼ
爪		つめ、(つま)
鶴		つる
低		テイ、ひく-い、ひく-める、ひく-まる
呈		テイ

字	異体	音訓
廷		テイ
弟		テイ、(ダイ)、(デ)、おとうと
定		テイ、ジョウ、さだ-める、さだ-まる、さだ-か
底		テイ、そこ
抵		テイ
邸		テイ
亭		テイ
貞		テイ
帝		テイ
訂		テイ
庭		テイ、にわ
逓	遞	テイ
停		テイ
偵		テイ
堤		テイ、つつみ
提		テイ、さ-げる
程		テイ、ほど
艇		テイ
締		テイ、し-まる、し-める
諦		テイ、あきら-める
泥		デイ、どろ
的		テキ、まと
笛		テキ、ふえ
摘		テキ、つ-む
滴		テキ、しずく、したた-る
適		テキ
敵		テキ、かたき
溺		デキ、おぼ-れる
迭		テツ
哲		テツ
鉄	鐵	テツ
徹		テツ
撤		テツ
天		テン、あめ、(あま)
典		テン
店		テン、みせ
点	點	テン
展		テン
添		テン、そ-える、そ-う
転	轉	テン、ころ-がる、ころ-げる、ころ-がす、ころ-ぶ
塡		テン
田		デン、た
伝	傳	デン、つた-わる、つた-える、つた-う
殿		デン、テン、との、どの
電		デン
斗		ト

字	異体	音訓
吐		ト、は-く
妬		ト、ねた-む
徒		ト
途		ト
都	都	ト、ツ、みやこ
渡		ト、わた-る、わた-す
塗		ト、ぬ-る
賭		ト、か-ける
土		ド、ト、つち
奴		ド
努		ド、つと-める
度		ド、(ト)、(タク)、たび
怒		ド、いか-る、おこ-る
刀		トウ、かたな
冬		トウ、ふゆ
灯	燈	トウ、ひ
当	當	トウ、あ-たる、あ-てる
投		トウ、な-げる
豆		トウ、(ズ)、まめ
東		トウ、ひがし
到		トウ
逃		トウ、に-げる、に-がす、のが-す、のが-れる
倒		トウ、たお-れる、たお-す
凍		トウ、こお-る、こご-える
唐		トウ、から
島		トウ、しま
桃		トウ、もも
討		トウ、う-つ
透		トウ、す-く、す-かす、す-ける
党	黨	トウ
悼		トウ、いた-む
盗	盜	トウ、ぬす-む
陶		トウ
塔		トウ
搭		トウ
棟		トウ、むね、(むな)
湯		トウ、ゆ
痘		トウ
登		トウ、ト、のぼ-る
答		トウ、こた-える、こた-え
等		トウ、ひと-しい
筒		トウ、つつ
統		トウ、す-べる
稲	稻	トウ、いね、(いな)
踏		トウ、ふ-む、ふ-まえる
糖		トウ
頭		トウ、ズ、(ト)、あたま、かしら

字	異体	音訓
謄		トウ
藤		トウ、ふじ
闘	鬪	トウ、たたか-う
騰		トウ
同		ドウ、おな-じ
洞		ドウ、ほら
胴		ドウ
動		ドウ、うご-く、うご-かす
堂		ドウ
童		ドウ、わらべ
道		ドウ、(トウ)、みち
働		ドウ、はたら-く
銅		ドウ
導		ドウ、みちび-く
瞳		ドウ、ひとみ
峠		とうげ
匿		トク
特		トク
得		トク、え-る、う-る
督		トク
徳	德	トク
篤		トク
毒		ドク
独	獨	ドク、ひと-り
読	讀	ドク、トク、(トウ)、よ-む
栃		とち
凸		トツ
突	突	トツ、つ-く
届	屆	とど-ける、とど-く
屯		トン
豚		トン、ぶた
頓		トン
貪		ドン、むさぼ-る
鈍		ドン、にぶ-い、にぶ-る
曇		ドン、くも-る
丼		どんぶり、(どん)
那		ナ
奈		ナ
内	內	ナイ、(ダイ)、うち
梨		なし
謎	謎	なぞ
鍋		なべ
南		ナン、(ナ)、みなみ
軟		ナン、やわ-らか、やわ-らかい
難	難	ナン、かた-い、むずか-しい
二		ニ、ふた、ふた-つ
尼		ニ、あま

字	異体	音訓
弐	貳	ニ
匂		にお-う
肉		ニク
虹		にじ
日		ニチ、ジツ、ひ、か
入		ニュウ、い-る、い-れる、はい-る
乳		ニュウ、ちち、ち
尿		ニョウ
任		ニン、まか-せる、まか-す
妊		ニン
忍		ニン、しの-ぶ、しの-ばせる
認		ニン、みと-める
寧		ネイ
熱		ネツ、あつ-い
年		ネン、とし
念		ネン
捻		ネン
粘		ネン、ねば-る
燃		ネン、も-える、も-やす、も-す
悩	惱	ノウ、なや-む、なや-ます
納		ノウ、(ナッ)、(ナ)、(ナン)、(トウ)、おさ-める、おさ-まる
能		ノウ
脳	腦	ノウ
農		ノウ
濃		ノウ、こ-い
把		ハ
波		ハ、なみ
派		ハ
破		ハ、やぶ-る、やぶ-れる
覇	霸	ハ
馬		バ、うま、(ま)
婆		バ
罵		バ、ののし-る
拝	拜	ハイ、おが-む
杯		ハイ、さかずき
背		ハイ、せ、せい、そむ-く、そむ-ける
肺		ハイ
俳		ハイ
配		ハイ、くば-る
排		ハイ
敗		ハイ、やぶ-れる
廃	廢	ハイ、すた-れる、すた-る
輩		ハイ
売	賣	バイ、う-る、う-れる
倍		バイ

183

常用漢字一覧

字	異体	音訓
梅	梅	バイ、うめ
培		バイ、つちか-う
陪		バイ
媒		バイ
買		バイ、か-う
賠		バイ
白		ハク、ビャク、しろ、(しら)、しろ-い
伯		ハク
拍		ハク、(ヒョウ)
泊		ハク、と-まる、と-める
迫		ハク、せま-る
剝		ハク、は-がす、は-ぐ、は-がれる、は-げる
舶		ハク
博		ハク、(バク)
薄		ハク、うす-い、うす-める、うす-まる、うす-らぐ、うす-れる
麦	麥	バク、むぎ
漠		バク
縛		バク、しば-る
爆		バク
箱		はこ
箸		はし
畑		はた、はたけ
肌		はだ
八		ハチ、や、や-つ、やっ-つ、(よう)
鉢		ハチ、(ハツ)
発	發	ハツ、ホツ
髪	髮	ハツ、かみ
伐		バツ
抜	拔	バツ、ぬ-く、ぬ-ける、ぬ-かす、ぬ-かる
罰		バツ、バチ
閥		バツ
反		ハン、(ホン)、(タン)、そ-る、そ-らす
半		ハン、なか-ば
氾		ハン
犯		ハン、おか-す
帆		ハン、ほ
汎		ハン
伴		ハン、バン、ともな-う
判		ハン、バン
坂		ハン、さか
阪		ハン
板		ハン、バン、いた
版		ハン
班		ハン

字	異体	音訓
畔		ハン
般		ハン
販		ハン
斑		ハン
飯		ハン、めし
搬		ハン
煩		ハン、(ボン)、わずら-う、わずら-わす
頒		ハン
範		ハン
繁	繁	ハン
藩		ハン
晩	晚	バン
番		バン
蛮	蠻	バン
盤		バン
比		ヒ、くら-べる
皮		ヒ、かわ
妃		ヒ
否		ヒ、いな
批		ヒ
彼		ヒ、かれ、(かの)
披		ヒ
肥		ヒ、こ-える、こえ、こ-やす、こ-やし
非		ヒ
卑	卑	ヒ、いや-しい、いや-しむ、いや-しめる
飛		ヒ、と-ぶ、と-ばす
疲		ヒ、つか-れる
秘	祕	ヒ、ひ-める
被		ヒ、こうむ-る
悲		ヒ、かな-しい、かな-しむ
扉		ヒ、とびら
費		ヒ、つい-やす、つい-える
碑	碑	ヒ
罷		ヒ
避		ヒ、さ-ける
尾		ビ、お
眉		ビ、(ミ)、まゆ
美		ビ、うつく-しい
備		ビ、そな-える、そな-わる
微		ビ
鼻		ビ、はな
膝		ひざ
肘		ひじ
匹		ヒツ、ひき
必		ヒツ、かなら-ず
泌		ヒツ、ヒ
筆		ヒツ、ふで

字	異体	音訓
姫		ひめ
百		ヒャク
氷		ヒョウ、こおり、ひ
表		ヒョウ、おもて、あらわ-す、あらわ-れる
俵		ヒョウ、たわら
票		ヒョウ
評		ヒョウ
漂		ヒョウ、ただよ-う
標		ヒョウ
苗		ビョウ、なえ、(なわ)
秒		ビョウ
病		ビョウ、(ヘイ)、や-む、やまい
描		ビョウ、えが-く、か-く
猫		ビョウ、ねこ
品		ヒン、しな
浜	濱	ヒン、はま
貧		ヒン、ビン、まず-しい
賓	賓	ヒン
頻	頻	ヒン
敏	敏	ビン
瓶	瓶	ビン
不		フ、ブ
夫		フ、(フウ)、おっと
父		フ、ちち
付		フ、つ-ける、つ-く
布		フ、ぬの
扶		フ
府		フ
怖		フ、こわ-い
阜		フ
附		フ
訃		フ
負		フ、ま-ける、ま-かす、お-う
赴		フ、おもむ-く
浮		フ、う-く、う-かれる、う-かぶ、う-かべる
婦		フ
符		フ
富		フ、(フウ)、と-む、とみ
普		フ
腐		フ、くさ-る、くさ-れる、くさ-らす
敷		フ、し-く
膚		フ
賦		フ
譜		フ
侮	侮	ブ、あなど-る
武		ブ、ム

字	異体	音訓
部		ブ
舞		ブ、ま-う、まい
封		フウ、ホウ
風		フウ、(フ)、かぜ、(かざ)
伏		フク、ふ-せる、ふ-す
服		フク
副		フク
幅		フク、はば
復		フク
福	福	フク
腹		フク、はら
複		フク
覆		フク、おお-う、くつがえ-す、くつがえ-る
払	拂	フツ、はら-う
沸		フツ、わ-く、わ-かす
仏	佛	ブツ、ほとけ
物		ブツ、モツ、もの
粉		フン、こ、こな
紛		フン、まぎ-れる、まぎ-らす、まぎ-らわす、まぎ-らわしい
雰		フン
噴		フン、ふ-く
墳		フン
憤		フン、いきどお-る
奮		フン、ふる-う
分		ブン、フン、ブ、わ-ける、わ-かれる、わ-かる、わ-かつ
文		ブン、モン、ふみ
聞		ブン、モン、き-く、き-こえる
丙		ヘイ
平		ヘイ、ビョウ、たい-ら、ひら
兵		ヘイ、ヒョウ
併	併	ヘイ、あわ-せる
並		ヘイ、なみ、なら-べる、なら-ぶ、なら-びに
柄		ヘイ、がら、え
陛		ヘイ
閉		ヘイ、と-じる、と-ざす、し-める、し-まる
塀	塀	ヘイ
幣		ヘイ
弊		ヘイ
蔽		ヘイ
餅	餅	ヘイ、もち
	餅	
米		ベイ、マイ、こめ
壁		ヘキ、かべ

字	異体	音訓
璧		ヘキ
癖		ヘキ、くせ
別		ベツ、わか-れる
蔑		ベツ、さげす-む
片		ヘン、かた
辺	邊	ヘン、あた-り、べ
返		ヘン、かえ-す、かえ-る
変	變	ヘン、か-わる、か-える
偏		ヘン、かたよ-る
遍		ヘン
編		ヘン、あ-む
弁	辨瓣辯	ベン
便		ベン、ビン、たよ-り
勉	勉	ベン
歩	歩	ホ、ブ、(フ)、ある-く、あゆ-む
保		ホ、たも-つ
哺		ホ
捕		ホ、と-らえる、と-らわれる、と-る、つか-まえる、つか-まる
補		ホ、おぎな-う
舗		ホ
母		ボ、はは
募		ボ、つの-る
墓		ボ、はか
慕		ボ、した-う
暮		ボ、く-れる、く-らす
簿		ボ
方		ホウ、かた
包		ホウ、つつ-む
芳		ホウ、かんば-しい
邦		ホウ
奉		ホウ、(ブ)、たてまつ-る
宝	寶	ホウ、たから
抱		ホウ、だ-く、いだ-く、かか-える
放		ホウ、はな-す、はな-つ、はな-れる、ほう-る
法		ホウ、(ハッ)、(ホッ)
泡		ホウ、あわ
胞		ホウ
俸		ホウ
倣		ホウ、なら-う
峰		ホウ、みね
砲		ホウ
崩		ホウ、くず-れる、くず-す
訪		ホウ、おとず-れる、たず-ねる

字	異体	音訓
報		ホウ、むく-いる
蜂		ホウ、はち
豊	豐	ホウ、ゆた-か
飽		ホウ、あ-きる、あ-かす
褒	襃	ホウ、ほ-める
縫		ホウ、ぬ-う
亡		ボウ、(モウ)、な-い
乏		ボウ、とぼ-しい
忙		ボウ、いそが-しい
坊		ボウ、(ボッ)
妨		ボウ、さまた-げる
忘		ボウ、わす-れる
防		ボウ、ふせ-ぐ
房		ボウ、ふさ
肪		ボウ
某		ボウ
冒		ボウ、おか-す
剖		ボウ
紡		ボウ、つむ-ぐ
望		ボウ、モウ、のぞ-む
傍		ボウ、かたわ-ら
帽		ボウ
棒		ボウ
貿		ボウ
貌		ボウ
暴		ボウ、(バク)、あば-く、あば-れる
膨		ボウ、ふく-らむ、ふく-れる
謀		ボウ、(ム)、はか-る
頬		ほお
北		ホク、きた
木		ボク、モク、き、(こ)
朴		ボク
牧		ボク、まき
睦		ボク
僕		ボク
墨	墨	ボク、すみ
撲		ボク
没		ボツ
勃		ボツ
堀		ほり
本		ホン、もと
奔		ホン
翻	飜	ホン、ひるがえ-る、ひるがえ-す
凡		ボン、(ハン)
盆		ボン
麻		マ、あさ
摩		マ

185

常用漢字一覧

字	異体	音訓
磨		マ、みが-く
魔		マ
毎	毎	マイ
妹		マイ、いもうと
枚		マイ
昧		マイ
埋		マイ、う-める、う-まる、う-もれる
幕		マク、バク
膜		マク
枕		まくら
又		また
末		マツ、バツ、すえ
抹		マツ
万	萬	マン、バン
満	滿	マン、み-ちる、み-たす
慢		マン
漫		マン
未		ミ
味		ミ、あじ、あじ-わう
魅		ミ
岬		みさき
密		ミツ
蜜		ミツ
脈		ミャク
妙		ミョウ
民		ミン、たみ
眠		ミン、ねむ-る、ねむ-い
矛		ム、ほこ
務		ム、つと-める、つと-まる
無		ム、ブ、な-い
夢		ム、ゆめ
霧		ム、きり
娘		むすめ
名		メイ、ミョウ、な
命		メイ、ミョウ、いのち
明		メイ、ミョウ、あ-かり、あか-るい、あか-るむ、あか-らむ、あき-らか、あ-ける、あ-く、あ-くる、あ-かす
迷		メイ、まよ-う
冥		メイ、ミョウ
盟		メイ
銘		メイ
鳴		メイ、な-く、な-る、な-らす
滅		メツ、ほろ-びる、ほろ-ぼす
免	免	メン、まぬか-れる
面		メン、おも、おもて、つら
綿		メン、わた

字	異体	音訓
麺	麵	メン
茂		モ、しげ-る
模		モ、ボ
毛		モウ、け
妄		モウ、ボウ
盲		モウ
耗		モウ、(コウ)
猛		モウ
網		モウ、あみ
目		モク、(ボク)、め、(ま)
黙	默	モク、だま-る
門		モン、かど
紋		モン
問		モン、と-う、と-い、(とん)
冶		ヤ
夜		ヤ、よ、よる
野		ヤ、の
弥	彌	や
厄		ヤク
役		ヤク、エキ
約		ヤク
訳	譯	ヤク、わけ
薬	藥	ヤク、くすり
躍		ヤク、おど-る
闇		やみ
由		ユ、ユウ、(ユイ)、よし
油		ユ、あぶら
喩		ユ
愉		ユ
諭		ユ、さと-す
輸		ユ
癒		ユ、い-える、い-やす
唯		ユイ、(イ)
友		ユウ、とも
有		ユウ、ウ、あ-る
勇		ユウ、いさ-む
幽		ユウ
悠		ユウ
郵		ユウ
湧		ユウ、わ-く
猶		ユウ
裕		ユウ
遊		ユウ、(ユ)、あそ-ぶ
雄		ユウ、お、おす
誘		ユウ、さそ-う
憂		ユウ、うれ-える、うれ-い、う-い
融		ユウ

字	異体	音訓
優		ユウ、やさ-しい、すぐ-れる
与	與	ヨ、あた-える
予	豫	ヨ
余	餘	ヨ、あま-る、あま-す
誉	譽	ヨ、ほま-れ
預		ヨ、あず-ける、あず-かる
幼		ヨウ、おさな-い
用		ヨウ、もち-いる
羊		ヨウ、ひつじ
妖		ヨウ、あや-しい
洋		ヨウ
要		ヨウ、かなめ、い-る
容		ヨウ
庸		ヨウ
揚		ヨウ、あ-げる、あ-がる
揺	搖	ヨウ、ゆ-れる、ゆ-る、ゆ-らぐ、ゆ-るぐ、ゆ-する、ゆ-さぶる、ゆ-すぶる
葉		ヨウ、は
陽		ヨウ
溶		ヨウ、と-ける、と-かす、と-く
腰		ヨウ、こし
様	樣	ヨウ、さま
瘍		ヨウ
踊		ヨウ、おど-る、おど-り
窯		ヨウ、かま
養		ヨウ、やしな-う
擁		ヨウ
謡	謠	ヨウ、うたい、うた-う
曜		ヨウ
抑		ヨク、おさ-える
沃		ヨク
浴		ヨク、あ-びる、あ-びせる
欲		ヨク、ほっ-する、ほ-しい
翌		ヨク
翼		ヨク、つばさ
拉		ラ
裸		ラ、はだか
羅		ラ
来	來	ライ、く-る、きた-る、きた-す
雷		ライ、かみなり
頼	賴	ライ、たの-む、たの-もしい、たよ-る
絡		ラク、から-む、から-まる、から-める
落		ラク、お-ちる、お-とす
酪		ラク
辣		ラツ

字	異体	音訓
乱	亂	ラン、みだ-れる、みだ-す
卵		ラン、たまご
覧	覽	ラン
濫		ラン
藍		ラン、あい
欄	欄	ラン
吏		リ
利		リ、き-く
里		リ、さと
理		リ
痢		リ
裏		リ、うら
履		リ、は-く
璃		リ
離		リ、はな-れる、はな-す
陸		リク
立		リツ、(リュウ)、た-つ、た-てる
律		リツ、(リチ)
慄		リツ
略		リャク
柳		リュウ、やなぎ
流		リュウ、(ル)、なが-れる、なが-す
留		リュウ、(ル)、と-める、と-まる
竜	龍	リュウ、たつ
粒		リュウ、つぶ
隆	隆	リュウ
硫		リュウ
侶		リョ
旅		リョ、たび
虜	虜	リョ
慮		リョ
了		リョウ
両	兩	リョウ
良		リョウ、よ-い
料		リョウ
涼		リョウ、すず-しい、すず-む
猟	獵	リョウ
陵		リョウ、みささぎ
量		リョウ、はか-る
僚		リョウ
領		リョウ
寮		リョウ
療		リョウ
瞭		リョウ
糧		リョウ、(ロウ)、かて
力		リョク、リキ、ちから

字	異体	音訓
緑	綠	リョク、(ロク)、みどり
林		リン、はやし
厘		リン
倫		リン
輪		リン、わ
隣		リン、とな-る、となり
臨		リン、のぞ-む
瑠		ル
涙	淚	ルイ、なみだ
累		ルイ
塁	壘	ルイ
類	類	ルイ、たぐ-い
令		レイ
礼	禮	レイ、ライ
冷		レイ、つめ-たい、ひ-える、ひ-や、ひ-やす、ひ-やかす、さ-める、さ-ます
励	勵	レイ、はげ-む、はげ-ます
戻	戾	レイ、もど-す、もど-る
例		レイ、たと-える
鈴		レイ、リン、すず
零		レイ
霊	靈	レイ、リョウ、たま
隷		レイ
齢	齡	レイ
麗		レイ、うるわ-しい
暦	曆	レキ、こよみ
歴	歷	レキ
列		レツ
劣		レツ、おと-る
烈		レツ
裂		レツ、さ-く、さ-ける
恋	戀	レン、こ-う、こい、こい-しい
連		レン、つら-なる、つら-ね る、つ-れる
廉		レン
練	練	レン、ね-る
錬	鍊	レン
呂		ロ
炉	爐	ロ
賂		ロ
路		ロ、じ
露		ロ、(ロウ)、つゆ
老		ロウ、お-いる、ふ-ける
労	勞	ロウ
弄		ロウ、もてあそ-ぶ
郎	郞	ロウ
朗	朗	ロウ、ほが-らか
浪		ロウ

字	異体	音訓
廊	廊	ロウ
楼	樓	ロウ
漏		ロウ、も-る、も-れる、も-らす
籠		ロウ、かご、こ-もる
六		ロク、む、む-つ、むっ-つ、(むい)
録	錄	ロク
麓		ロク、ふもと
論		ロン
和		ワ、(オ)、やわ-らぐ、やわ-らげる、なご-む、なご-やか
話		ワ、はな-す、はなし
賄		ワイ、まかな-う
脇		わき
惑		ワク、まど-う
枠		わく
湾	灣	ワン
腕		ワン、うで

187

教育漢字一覧

第一学年（80字）

犬小男目名本木文百八白日入二土田天六
月女大村足草早手車十金出空
気七先年千石夕子山三下音王円雨右一
休車早草手十玉金出空
九先年千石夕子山三下音王円雨右一
学字耳貝花火下音三生青夕石千年入日二土田天六
花石夕千入白八百文木本名目
貝耳糸赤年
糸赤
字千入
右五口左正人水虫町林
一見上竹立
五口校左正天田土二日白八百文木本名目
人水虫林六
森中力

第二学年（160字）

活言黒麦夜
楽元首雪通買門
角計国弱切売毛
絵合谷直鳴
外兄黄朝馬
近室星肉明
海高時声長南万
会教自西昼内妹
回考社茶読毎
画強行数知道
歌京思図池同方
魚光親新頭母
家牛矢心地答歩理話
夏弓公市台東米里
科記工止食体当聞来
何帰算色太冬分多
遠汽語場刀走組電番友用曜
園岩古細書少父風用
雲丸顔午作
羽戸春才前点番友
引間原今週線店半野

第三学年（200字）

悪安暗医委意育院飲運泳駅央横屋球温化荷
界開階感漢館岸起客究急級宮湖去橋業
曲局銀皿苦具君係血決研県庫実写向幸者号
根祭仕死使始指詩昔事持所助消商主守
取酒受州拾習終集重宿次暑送倍章勝発
乗植申神真深進整着秒全柱相調追庭福平
打対待代第題炭短世登動表童注丁農服畑陽
鉄転都度投悲美鼻問役氷表由病波品遊様
反坂板皮味命面役薬有油部羊予
返勉放流旅両緑礼列練路和
落

第四学年（200字）

愛 案 以 衣 位 囲 胃 印 英 栄 塩 億 加 果 貨 課 芽 改 械 害 街 各 覚 完 官 管 関 観 願 希 季 紀 喜 旗 器 機 議 求 泣 救 給 挙 漁 共 協 鏡 競 極 訓 軍 郡 径 型 景 芸 欠 結 建 健 験 固 功 好 候 航 康 告 差 菜 最 材 昨 札 刷 殺 察 参 産 散 残 士 氏 史 司 試 児 治 滋 辞 鹿 失 借 種 周 祝 順 初 松 笑 唱 焼 象 照 賞 臣 信 成 省 清 静 席 積 折 節 説 浅 戦 選 然 争 倉 巣 束 側 続 卒 孫 帯 隊 達 単 置 仲 沖 兆 低 底 的 典 伝 徒 努 灯 堂 働 特 得 毒 熱 念 敗 梅 博 飯 飛 費 必 票 標 不 夫 付 府 副 粉 兵 別 辺 変 便 包 法 望 牧 末 満 未 脈 民 無 約 勇 要 養 浴 利 陸 良 料 量 輪 類 令 冷 例 歴 連 老 労 録

第五学年（185字）

圧 移 因 永 営 衛 易 益 液 演 応 往 桜 恩 可 仮 価 河 過 賀 快 解 格 確 額 刊 幹 慣 眼 基 寄 規 技 義 逆 久 旧 居 許 境 均 禁 句 群 経 潔 件 券 険 検 限 現 減 故 個 護 効 厚 耕 鉱 構 興 講 混 査 再 災 妻 採 際 在 修 罪 雑 酸 賛 支 志 枝 師 資 飼 示 似 識 質 舎 謝 授 術 述 準 序 招 承 証 条 状 常 情 織 造 像 増 則 測 属 率 損 退 貸 税 責 績 接 設 舌 絶 銭 祖 素 総 敵 統 銅 導 徳 独 任 燃 能 破 犯 判 版 比 築 張 提 程 適 貧 布 婦 富 武 復 複 仏 編 弁 保 墓 報 豊 肥 非 備 俵 評 貧 布 輸 余 預 容 略 留 領 防 貿 暴 務 夢 迷 綿

第六学年（181字）

異 遺 域 宇 映 延 沿 我 灰 拡 革 閣 割 株 干 巻 看 簡 危 机 揮 貴 疑 吸 供 胸 郷 勤 筋 紅 系 敬 警 劇 激 穴 絹 権 裁 源 厳 己 呼 誤 孝 后 皇 視 詞 誌 降 磁 鋼 射 捨 刻 穀 骨 困 座 宗 済 衆 策 冊 蚕 至 私 孝 姿 視 署 諸 除 善 将 傷 城 創 尺 若 砂 収 就 推 尊 従 縦 熟 純 処 染 奏 宙 忠 著 窓 装 頂 蒸 針 垂 討 奮 幼 盛 聖 誠 宣 泉 洗 値 暖 脳 宝 訪 亡 忠 背 肺 俳 班 潮 操 仁 腹 秘 郵 幼

Index

アルファベット

g_いろりフォント（太手書き丸）	152
g_えんぴつ楷書（教漢版）	148
g_コミックホラー悪党(B)（教漢版）	074
g_コミックホラー恐怖(R)（教漢版）	084
g_コミック古印体（教漢）（細字）	086
g_コミック古印体（教漢）（太字）	090
g_コミック古印体（教漢）（標準）	088
g_やぐらフォント（太手書き角）	150
g_達筆（笑）（教漢版）	078
g_達筆（笑）極太（教漢版）	082
g_達筆（笑）太字（教漢版）	080
M + 1c	110
MTたれ& MTたれっぴ	098
Teak_maker	168
Teak_minami_03	166
Teak_minami_04	164
teak_pastel_pilot	170

あ

青柳衡山フォントT	120
青柳疎石フォント2	142
赤薔薇シンデレラ	032
暗黒ゾン字	104

い

いろはマル Regular	060
いろはマル みかみ Light	058
いろはマル みかみ Medium	062
いろは角クラシック Bold	072
いろは角クラシック ExtraLight	064
いろは角クラシック Light	066
いろは角クラシック Medium	070
いろは角クラシック Regular	068

う

渦ペン	160
渦鉛筆	162
渦角	100
渦丸	102
渦筆	158
梅ゴシック	092
梅P明朝	094

え

えり字	146

お
怨霊フォント……………………… **108**
押出Mゴシック ………………… **096**

き
きなりゴシック mini …………… **024**

く
黒薔薇ゴシック Black …………… **048**
黒薔薇ゴシック Bold …………… **046**
黒薔薇ゴシック Heavy ………… **050**
黒薔薇ゴシック Light …………… **040**
黒薔薇ゴシック Medium………… **044**
黒薔薇ゴシック Regular ………… **042**
黒薔薇ゴシック Thin …………… **038**
黒薔薇シンデレラ………………… **030**

こ
衡山毛筆フォント………………… **140**
衡山毛筆フォント行書…………… **118**
衡山毛筆フォント草書…………… **114**
こまどり mini …………………… **026**
木漏れ日ゴシック………………… **034**

し
しねきゃぷしょん………………… **076**
しょかきさらり（行体） ………… **116**

せ
せのびゴシック Bold …………… **056**
せのびゴシック Medium………… **054**
せのびゴシック Regular ………… **052**
全児童フォント フェルトペン教漢版 … **156**

た
タイムマシンわ号………………… **036**
たぬき油性マジック……………… **154**

は
吐き溜フォント…………………… **106**
白舟印相体教漢…………………… **124**
白舟極太楷書教漢………………… **126**
白舟古印体教漢…………………… **122**
白舟行書 Pro 教漢 ……………… **134**
白舟行書教漢……………………… **132**
白舟草書教漢……………………… **128**
白舟隷書教漢……………………… **136**
白舟楷書教漢……………………… **138**
白舟篆古印教漢…………………… **130**

わ
和田研細丸ゴシック ProN ……… **028**

Staff
ブックデザイン&DTP：ランディング
担当：竹内仁志（技術評論社）

お問い合わせについて

本書に関するご質問については、下記の宛先にFAXもしくは書面にてお送りください。電話によるご質問および本書の内容と関係のないご質問につきましてはお答えできかねます。あらかじめ以上のことをご了承のうえ、お問い合わせください。
ご質問の際に記載いただいた個人情報は、ご質問の返答以外の目的には使用いたしません。また、返答後に速やかに削除させていただきます。

宛 先

〒162-0846
東京都新宿区市谷左内町21-13
株式会社技術評論社　書籍編集部
「デザイン力を加速する！　和文フリーフォントCOLLECTION」質問係
FAX：03-3513-6167
https://book.gihyo.jp/116/

デザイン力を加速する！
和文フリーフォント COLLECTION
わぶん　　　　　　　　　　　コレクション

2019年7月10日　初版　第1刷発行

著　者　ランディング

発行者　片岡　巌
発行所　株式会社技術評論社
　　　　東京都新宿区市谷左内町21-13
電　話　03-3513-6150（販売促進部）
　　　　03-3513-6160（書籍編集部）

印刷／製本　日経印刷株式会社

定価はカバーに表示してあります。

本書の一部または全部を著作権法の定める範囲を超え、無断で複写、複製あるいはファイルに落とすことを禁じます。

造本には細心の注意を払っております。万一、乱丁（ページの乱れ）や落丁（ページの抜け）がございましたら、小社販売促進部までお送りください。送料小社負担にてお取り替えいたします。

ISBN978-4-297-10597-6 C3055
Printed in Japan
©2019 Landing